Pawel Gorecki
Peter R. Pautsch

Lean Management

6. Auflage

HANSER

Bibliografische Information der Deutschen Nationalbibliothek

Die Deutsche Nationalbibliothek verzeichnet diese Publikation in der Deutschen Nationalbibliografie; detaillierte bibliografische Daten sind im Internet über http://dnb.d-nb.de abrufbar.

http://www.hanser-fachbuch.de

Lektorat: Lisa Hoffmann-Bäuml

Herstellung: Carolin Benedix

Satz: mediaTEXT Jena GmbH, Jena

Umschlaggestaltung: Parzhuber & Partner GmbH, München

Umschlagrealisation: Max Kostopoulos

Druck und Bindung: Eberl & Koesel, Krugzell GmbH & Co. KG

Printed in Germany

ISBN 978-3-446-46923-5

E-Book ISBN 978-3-446-47145-0

ePub ISBN 978-3-446-47258-7

Inhaltsverzeichnis

Einleitung

Stellen Sie sich vor, Sie wollen ein Puzzle aus 5000 Teilen zusammensetzen. Es ist das Bild einer wunderschönen Südseeinsel. Auf der Verpackung können Sie erkennen, welches traumhafte Bild Sie am Ende der Arbeit des Zusammensetzens erhalten werden. Sie sind begeistert!

Dann sehen Sie den Berg unendlich vieler Puzzlesteine und Sie würden am liebsten gar nicht anfangen. Sie sehen sich einzelne Steine an und können erahnen, welche wunderbaren Szenen sich zu dem Bild zusammenfügen.

Ähnlich geht es Managern, die vor dem „Berg“ der Lean-Methoden stehen und sich fragen: Wo anfangen? Genügt es, einzelne Methoden anzuwenden, und schon stellt sich der Erfolg ein? Die Realität lehrt anderes. Nicht selten scheitern Unternehmen an der Lean-Implementierung und kehren zu den „altbewährten“ Konzepten zurück.

Denken Sie daran, wie Sie anfangen würden, ein Puzzle zusammenzusetzen. Sie schauen sich verschiedene Steine an und entdecken plötzlich zusammengehörige Elemente. Sie fügen diese zusammen und finden sofort einen Stein, der dazupasst. So entstehen langsam erkennbare Teilbilder, wie z.B. eine Palme. Die Motivation zum Weitermachen steigt und Stück für Stück erwächst aus dem Chaos der Puzzlesteine ein beeindruckendes Gesamtbild.

Genau so kann Lean Management begonnen werden. Das Management beginnt die Veränderung zu Lean mit einer Vision (die Südseelandschaft). Noch glaubt kein Mitarbeiter im Unternehmen, dass die Vision Wirklichkeit werden könnte. Stehen Sie aber hinter dieser Vision und lassen sich nicht davon abbringen, wird Stück für Stück ein schlankes Unternehmen entstehen.

Beginnen Sie dort, wo Sie am ehesten zu ersten Erfolgen gelangen können (die ersten erkennbaren Puzzleteilbilder), um Ihre Mitarbeiter zu überzeugen, dass Lean Management funktioniert. Rückschläge wird es immer da geben, wo verbindende Elemente fehlen (fehlende Puzzlesteine im Gesamtbild). Die Lean-Methoden sind oft voneinander abhängig und funktionieren nur im Verbund. Lassen Sie sich hierdurch nicht von Ihrer Vision abbringen und verfolgen Sie diese konsequent.

Unternehmen wie Toyota haben uns vorgelebt, dass Lean Management funktioniert und geradezu unglaubliche Wirkungen auf die Wirtschaftlichkeit und Funktionsfähigkeit, vor allem aber auf die Kundenorientierung des Unternehmens haben kann.

Mit Lean Management können Kosten reduziert und kann der wirtschaftliche Einsatz der verfügbaren Ressourcen nachhaltig garantiert werden – bei gleichzeitiger Erhöhung der Kundenzufriedenheit. Lean Management ist die konsequente Ausrichtung auf den Kunden durch Reduzierung auf das, was für den Kunden einen Wert darstellt. Doch was bedeutet dies in der Praxis?

Freddy Ballé (2009) sagt in seinem Buch: „It's All About the People", und damit trifft er genau das, was Lean Management ist. Lean Management konzentriert sich mit den entsprechenden Werkzeugen auf den Kunden und definiert dessen Bedürfnisse. Es versucht, den Kundenwunsch in die Sprache unseres Tagesgeschäftes zu übersetzen.

Es hält uns jeden Tag den Spiegel vor und fragt uns in unserer eigenen, persönlichen Sprache, ob wir das Richtige tun, indem es uns visuell die Ergebnisse unserer Tätigkeiten aufzeigt. Lean-Management-Werkzeuge, in der richtigen Anwendung, lassen die Schönmalerei von Ergebnissen nicht zu und lassen uns somit unbeeindruckt von personalpolitischen Aspekten, persönlichen Prioritäten oder Topmanagementpositionen.

Lean Management versucht auf den Menschen einzugehen, indem es Systeme schafft, welche die menschliche Unvollkommenheit kompensieren. Geht man von den Forschungsergebnissen von Mike Rother aus, so neigt der Mensch dazu, sich zwischen Soll- und Ist-Zustand zu verlieren. Die Tatsache, dass etwas physikalisch vorhanden ist, sagt noch lange nicht aus, dass es vollkommen implementiert oder funktionstüchtig ist. Diese Eigenschaft greift Lean Management auf und führt uns durch die Tücken der nicht sofort sichtbaren Hürden, indem es diese aufzeigt und uns vehement auffordert, diese zu beseitigen.

Lean Management und seine Werkzeuge sind nicht dazu da, uns zu füttern, sondern die Beschaffung der Nahrung zu lehren!

Der Nutzen der Einführung von Lean Management ist eine konsequente Ausrichtung aller (wirklich aller) Prozesse im Unternehmen an den Anforderungen und Wünschen des Kunden. Jede Aktivität, jeder Arbeitsgang, jede administrative Tätigkeit in der Verwaltung des Unternehmens wird als Beitrag zu dem Nutzen gemessen, den der Kunde als solchen erkennt.

Nicht wertschöpfende Tätigkeiten oder Prozesse im Unternehmen werden eliminiert. Sofern dies hier und heute nicht möglich erscheint (weil z. B. ein Lager aktuell für absolut unentbehrlich gehalten wird), wird diese Aktivität immer noch als Verschwendung angesehen. Deren Eliminierung wird dann zur Zukunftsaufgabe.

Dieses Buch will die Philosophie, die Prinzipien und die Abhängigkeiten der Methoden und Werkzeuge des Lean Management praxisorientiert vermitteln. Dabei werden

Lean Management und Kaizen synonym verwendet, da sie auf dem gleichen Grundkonzept/der gleichen Grundphilosophie basieren.

Ziel des Buches ist nicht die Schulung in der Umsetzung der vorgestellten Werkzeuge und Methoden. Hierfür steht Fachliteratur in ausreichendem Umfang zur Verfügung. Ziel ist es vielmehr, die Augen für eine neue Sichtweise auf die Prozesse im Unternehmen zu öffnen und dem Leser die Möglichkeit zu bieten, die geradezu unglaublichen Potenziale, die Lean Management bietet, zu erkennen. Die vorgestellten Methoden und Werkzeuge sollen aufzeigen, wo konkret Ansatzpunkte für eine schlanke Gestaltung der Unternehmensprozesse bestehen.

Für tiefergehende Informationen zu Lean Management, den Methoden und die Implementierung im Unternehmen empfiehlt sich die Lektüre des Buches „Praxisbuch Lean Management – Der Weg zur operativen Excellence" von Pawel Gorecki und Peter Pautsch. Die 3. Auflage ist 2018 beim Hanser Verlag erschienen (ISBN 978-3-446-45526-9).

1 Historie des Lean Management

Lean Management hat bis heute für kontroverse Diskussionen gesorgt. Lean Management wurde seit den 90er-Jahren von den Consultants als Kostensenkungsprogramm missbraucht, in vielen Unternehmensprogrammen und -projekten als Titel geführt, von manchen vollkommen unbeachtet, von Toyota gar nicht genutzt (Begriff) und oft fälschlicherweise mit Kaizen in Konkurrenz gestellt. Haben Toyota und Lean Management etwas gemeinsam? Gehören diese zu einer gemeinsamen Methodenfamilie oder entstanden diese parallel? Sind es einzelne Personen, Gruppen oder eine Philosophie, die Unternehmen so erfolgreich machen, die Lean Management umsetzen? Geht man von dem Unternehmen Toyota aus, so schauen wir auf einen beispielhaften Aufstieg eines Automobilherstellers, der heute die Weltspitze in der Automobilindustrie erreicht hat. Dies wurde nicht durch Zukäufe von anderen Unternehmen/Marken erreicht, sondern durch die Nutzung des eigenen Leistungspotenzials des Unternehmens. Heute gilt Toyota als das Vorzeigeunternehmen für eine Arbeitsweise und eine Unternehmensphilosophie, die ihresgleichen sucht. Lean Management ist wiederum heute das Synonym für die Umsetzung der Philosophie und der Arbeitsweise der asiatischen Hersteller.

Doch entstammt diese Arbeitsweise und Philosophie dem Zeichenbrett eines genialen Ingenieurs? Wurde diese ausschließlich von Toyota entwickelt? War es ausschließlich eine Person, die diese geprägt hat? Warum findet die Philosophie in den Lean-Unternehmen so eine breite Zustimmung? Um dies und das Lean Management zu verstehen, muss man seinen Ursprung kennen. Seinen Weg, seine Entstehung und die Väter des Ursprungs. Dies ist das Ziel der Lean-Historie, die aufzeigen soll, dass Lean Management und die Lean-Werkzeuge von vielen Personen geprägt wurden und durch deren Erfolg eine Eigendynamik entwickelt haben.

Bezieht man sich auf die Anfänge von Lean Management, so starten wir unsere Reise bei dem Autobauer Henry Ford, kommen zu der Familie Toyoda, die auch den Autobauer Toyota Motor Corporation gegründet hat, und werden uns mit der asiatischen Kultur beschäftigen. William Edwards Deming und die amerikanischen Supermärkte spielen in der Geschichte von Lean Management eine Rolle wie auch der Vater des Toyota-Produktionssystems, Taiichi Ohno. Um die Lean-Philosophie verstehen zu können, ist ein Grundverständnis der Geschichte notwendig, daher wird im Folgenden diese in Ausschnitten dargestellt.

Flow – Henry Ford

Die Suche nach den Ursprüngen von Lean Management startet bei Henry Ford und der Ford Motor Company. Henry Ford ist durch sein T-Model und die Massenfertigung (Fließband) bekannt geworden. Besonders sein Satz „Sie können jede Art von Farben haben, solange diese schwarz ist" charakterisiert Fords Denkweise. Henry Ford führte das Fließband in der Autoindustrie ein, nachdem er in Chicago Schlachthöfe besucht hatte. In diesen Schlachthöfen sind die Schweine an Haken befestigt und werden an Schienen gezogen. Diese Idee greift Henry Ford auf und wendet sie in der Autoindustrie an. Somit sind die Schlachthöfe der Vorläufer von Henry Fords Fließband und gleichzeitig der Ideenlieferant für die Innovation in der Produktion von Automobilen.

Zeitgleich führt Ford mit dem Fließband auch das **Flussprinzip** ein, eine Fertigung, die an Prozessschritten ausgerichtet ist. Doch um das zu realisieren, muss Ford noch eine weitere Hürde überwinden.

Der Ausgangspunkt zu dieser Zeit ist die Autoindustrie, die noch in der Manufaktur steckt. Jedes Auto ist ein Einzelstück und somit nicht baugleich. Dies bedeutet, dass Einzelteile nicht direkt an die Karosserie passen, sondern per Hand angepasst werden müssen. Henry Ford hat also die standardisierte Qualität, was für uns heute als selbstverständlich gilt, in die Autoindustrie eingeführt.

Gemba – Sakichi Toyoda

Taiichi Ohno beschrieb Sakichi Toyoda als einen genialen Erfinder, dessen Ideen ausschließlich auf seiner persönlichen Leistung beruhten. Sakichi Toyoda studierte nicht an einer Universität und las keine Fachbücher. Er studierte die Probleme und Lösungen in der Praxis durch stundenlanges Beobachten mit der Intention, den wahren Grund des Problems festzustellen, zu analysieren und den Erfolg seiner Lösung zu testen. Dies führte dazu, dass die Erfindungen, die aus der Praxis entstanden, in der Praxis erfolgreicher eingesetzt werden konnten. Dieses Prinzip prägte Toyota und das Toyota-Produktionssystem erheblich und ist heute unter dem Begriff Genchi Genbutsu bekannt.

Jidoka – Kiichirō Toyoda

Kiichirō Toyoda ist Sohn von Sakichi Toyoda, welcher das Unternehmen Toyoda Spinning and Weaving Company gründete. Hier begann die Geschichte von Jidoka und der Firma Toyota Motor Corporation. Sakichi Toyoda entwickelt die automatischen Webstuhlmaschinen seines Vaters weiter, indem er das **Jidoka**-Prinzip integrierte. Dies führt dazu, dass der Webstuhl automatisch anhält, sobald der Faden zu Ende ist oder reißt. Damals eine Revolution, da nun ein Mitarbeiter anstatt einer Maschine nun mehrere Maschinen bedienen und überwachen kann. Hierdurch verbessert sich sowohl die Qualität als auch die Produktivität der Produktionsanlagen. Jidoka ist also die **Automation** und wird heute in Form von **First Defect Stop** im Lean Management umgesetzt.

Kaizen – Masaaki Imai

Kaizen ist die **Verbesserung zum Guten** und findet nach der verbreiteten Meinung in der asiatischen Kultur ihren Ursprung. Hier sind der Umgang mit Fehlern und der Umgang mit den Verbesserungen ein anderer als in der abendländischen Welt. Um diesen Unterschied darzustellen, dient ein Beispiel, welches den Unterschied deutlich machen soll. Wenn ein Lehrling die Schrift des Senseis (Meisters) kopiert und diese Kopie von höherer Qualität ist, so ist das eine Ehre für beide. Es gilt nicht als Kopie und schon gar nicht als ein Schuldeingeständnis, wie schlecht der Meister gearbeitet hat, und führt zu einer ganz anderen **Basis für Verbesserungen**.

Ein Lehrer sagte einmal: „In der Physik gibt es nur dann den wahren Fortschritt, wenn die alte Generation ausgestorben ist und die neue nachzieht." Auch hier ist die Basis für **Veränderungen** = **Verbesserungen** eine andere. Der Autor Masaaki Imai trug mit seinem Buch „Kaizen" wesentlich zur Verbreitung der Idee im Westen bei.

Supermarkt und Toyota/TPS – Taiichi Ohno

Als Taiichi Ohno die USA besucht, um sich über neue amerikanische Fertigungsverfahren in der Automobilindustrie zu informieren, kommt er auch mit dem amerikanischen Supermarktprinzip in Kontakt. Dieses Prinzip ist in der damaligen Zeit kaum bekannt und beinhaltet das Konzept Präsenz der Waren im Verkaufsraum, keine Lager und bedarfsorientierte Nachbestellung, also Bestellung nach Verbrauch. Diese Idee setzen Taiichi Ohno und seine Mitarbeiter in Form des heutigen Kanban (= Karte) in der Fertigung um und kreieren das, was wir als bedarfsorientierte Fertigung kennen. Doch die Teams um Taiichi Ohno nutzen dieses Prinzip wie auch viele andere Techniken nicht nur als ein Werkzeug, sondern entwickeln es weiter als treibendes Element im Kaizen. Der Fähigkeit von Toyota und seinen Mitarbeitern ist es zu verdanken, dass dieses Werkzeug nicht nur entwickelt, sondern in ein System integriert und als dauerhafter Fortschrittsmotor ausgelegt wurde. Taiichi Ohno, dem ein wesentlicher Anteil an der Entwicklung des TPS zugesprochen wird, gehörte zu diesem Zeitpunkt dem Toyota-Team an.

Single Minute Exchange of Die (SMED) und Poka Yoke – Shigeo Shingo

Im Rahmen der Entwicklung des Toyota Production System (TPS) wird Shigeo Shingo die Entwicklung der Rüstzeitreduzierung und Systematik zugeteilt. Er gilt auf diesen Gebieten als Pionier und trägt einen großen Anteil an der Umsetzung der Pull-Systeme. Hierzu gehören SMED und die Fehlervermeidung durch Poka Yoke, d. h. die Fehlermeidungssysteme.

PDCA – William Edwards Deming

William Edwards Deming wird ein großer Anteil an der japanischen Unternehmenskultur, höchste Qualität herzustellen, zugesprochen. Nachdem er in den USA kein Gehör für seine qualitätssteigernden Theorien fand, war die Situation in Japan eine ganz andere. Die Japaner hörten ihm zu und benannten sogar einen der wichtigsten Qualitätspreise nach ihm, den Deming-Preis, der seit 1950 in Japan vergeben wird. Sein Einsatz für Qualität und insbesondere die Verbreitung der PDCA-Methodik (Plan, Do, Check, Act), welche in der Prozessoptimierung eine besondere Bedeutung hat,

hat im Lean-Management-System einen hohen Stellenwert. Deming griff in seinen Ansätzen auf die Theorien von Walter A. Shewhart zurück.

Ishikawa-Diagramm – Kaoru Ishikawa

Kaoru Ishikawa entwickelte das nach ihm benannte Ishikawa-Diagramm, ein Ursache-Wirkungs-Diagramm, das heute zu den sieben statistischen Werkzeugen von Lean Management gehört. Des Weiteren beschäftigte er sich mit gruppenarbeitsorientierten Konzepten und gilt als Erfinder der Qualitätszirkel, eine Methodik, die im Westen in den 80er-Jahren vollkommen falsch verstanden und falsch interpretiert worden ist.

Lean Management

James P. Womack, Daniel T. Jones und Daniel Roos sind mit ihren Projektleitern John F. Krafcik und John P. MacDuffie die Erfinder des Begriffs „Lean Management“. Die Forscher, die am MIT im Rahmen des Forschungsprojekts International Motor Vehicle Program (IMVP) die Produktionssysteme der verschiedenen Autohersteller untersucht haben, veröffentlichten am Ende eine Benchmark-Analyse, die in dem Buch „Die zweite Revolution in der Automobilindustrie“ dokumentiert ist. Die hier veröffentlichten Ergebnisse zeigen die gravierenden Unterschiede zwischen westlichen und asiatischen (hauptsächlich japanischen) Herstellern und veränderten die Sichtweise innerhalb der gesamten Autoindustrie. Sie benennen das von ihnen beobachtete Prinzip Lean Management, das sich aus den Erfahrungen aus verschiedenen Unternehmen und Beobachtungen in der Praxis zusammensetzt.

Bild 1 skizziert die Lean-Historie im Überblick.

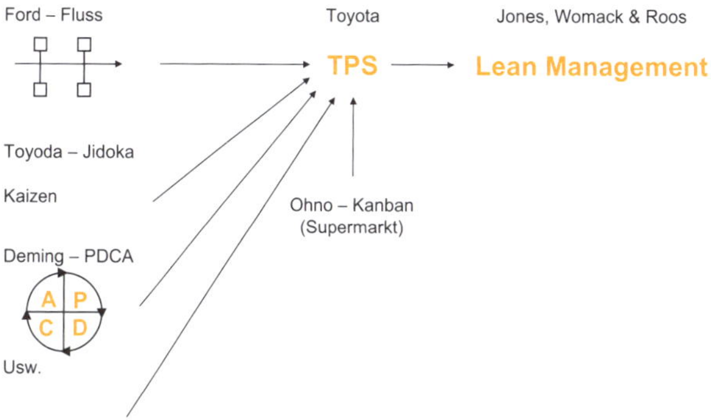

Bild 1: Lean-Historie

Lean Six Sigma

Lean Six Sigma ist der jüngste Versuch, die Konzepte Lean Management und Six Sigma zu verbinden und von beiden das Beste einzusetzen. Dabei ist festzuhalten, dass dieses Konzept erst an seinem Beginn steht und sich noch in der Praxis beweisen muss.

Die Fülle der verschiedenen Gedankenrichtungen, welche die Historie von Lean Management ausmacht, zeigt den wahren Ursprung und die Stärke dieser Philosophie. Diese entstand nicht in einer Universität oder auf einem Reißbrett, sondern wurde von vielen Experten von Weltrang systematisch entwickelt sowie in der Praxis erprobt und verfeinert. Der Familie Toyoda und Taiichi Ohno ist es im Wesentlichen zu verdanken, dass diese verschiedenen Ideen unter einem Dach zu einem System zusammengeführt und konsequent umgesetzt worden sind. Dadurch konnten die verschiedenen Ansätze ihre volle Leistungsfähigkeit entwickeln und die Toyota Motor Corporation zu einem der weltgrößten Unternehmen werden lassen.

Lean & Green

Dass Lean Management nicht „in die Jahre gekommen ist“, zeigt die aktuelle Entwicklung. Das wesentliche Grundprinzip des Lean Management, nämlich der sparsame Umgang mit allen Ressourcen, die ein Unternehmen benötigt, um die angebotene Leistung zu erzeugen, bedeutet auch, dass mit den erforderlichen Rohstoffen, Energien und Materialien sparsam und damit umweltschonend umgegangen wird.

Für viele Unternehmen, die bereits die Lean-Philosophie in der Unternehmenskultur implementiert haben, war die Integration der Ansätze des Kreislaufgedankens und des Null-Emissions-Ziels kein großer Schritt, sondern eine konsequente Umsetzung der Lean-Idee. Da im Lean Management die Lieferkette integraler Bestandteil der Unternehmensphilosophie ist, war es konsequent, Lean & Green auch in der Supply Chain zu realisieren.

Die Covid-19-Pandemie hat gezeigt, dass die Potenziale zur Reduzierung von Kosten beziehungsweise der Beanspruchung der Ressourcen und damit der Belastung der Umwelt noch längst nicht ausgeschöpft sind. Die Verlegung vieler Arbeitsplätze in das Zuhause der Mitarbeiter und die Nutzung des Internets zur Durchführung von Konferenzen und Besprechungen hat nicht nur das Reisekostenbudget der Unternehmen entlastet, sondern auch bei den Mitarbeitern zu Kosten- und Zeitvorteilen geführt (Fahrt zum Arbeitsplatz).

2 Leitfaden zur Implementierung von Lean Management

2.1 Die Lean-Philosophie verstehen

Wird Lean Management als eine der vielen in der Praxis gängigen oder in Lehrbüchern beschriebenen Managementmethoden aufgefasst, passiert in der Praxis Folgendes: Auf der Grundlage der in Fachbüchern dokumentierten Methoden und Instrumente erfolgt eine schnelle Einführung verbunden mit der Erwartung, der gleiche Erfolg wie bei Toyota oder Porsche würde alsbald eintreten. Besichtigt man Unternehmen, die dieser Strategie gefolgt sind, erlebt man auf den ersten Blick eine wahrhaft schlanke Produktion. Methoden wie 5 S oder Zoning sind laut monatlichem Auditbericht vorbildlich implementiert, und das Topmanagement ist begeistert: Mission completed.

Sieht man jedoch hinter die Kulissen, so hat sich in diesen Unternehmen wenig verändert. Die Einstellung der Mitarbeiter gegenüber der ständigen Verbesserung oder die Haltung der Manager gegenüber Fehlern und Problemen ist immer noch dieselbe geblieben. Es haben sich Verbesserungen ergeben, die Effizienz mancher Prozesse hat sich zweifellos verbessert, aber von einem „durchschlagenden" Erfolg kann nicht die Rede sein. Wir haben es hier mit der Variante „Lean Window Dressing" zu tun. Die äußere Erscheinung (die sichtbaren Elemente von Lean) deutet auf Lean Management hin, von einer echten Realisierung ist man hier noch Lichtjahre entfernt (Umsetzung auch der nicht sichtbaren Elemente von Lean Management).

Reduzierung der Umrüstzeiten durch SMED
Die Umrüstzeitreduzierung von Maschinen und Anlagen durch SMED (Single Minute Exchange of Die; vgl. Kapitel 7) kann als Einzelmaßnahme realisiert werden. Hierdurch werden Produktionskosten reduziert und Durchlaufzeiten verkürzt. Die Wirksamkeit dieser Maßnahme verpufft jedoch völlig und mündet oft in noch größeren Lagerbeständen, wenn keine Einbindung in den gesamten Wertstrom der Produktion erfolgt.

Wie kann dieser Zielzustand eines echten Lean Management erreicht werden? Folgende Antworten auf diese Frage sind hilfreich:

- Lean Management muss als Unternehmensphilosophie verstanden werden, nicht als eine Methode. Philosophie bedeutet, dass die nachfolgend beschriebenen Prinzipien von allen Mitarbeitern verstanden und mitgetragen werden. Dieser Prozess beginnt auf der obersten Leitungsebene. Wird Lean Management vom Topmanagement nicht nachhaltig und intensiv vorangetrieben, wird der Erfolg nicht eintreten.
- Die Methoden, Instrumente und Werkzeuge des Lean Management sind nur Mittel, um das Unternehmen Schritt für Schritt der Vision näher zu bringen. Diese sind nie Selbstzweck, werden nach Bedarf eingesetzt und an die konkreten Aufgabenstellungen zur Problemlösung angepasst.
- Die Implementierung der Lean-Management-Philosophie im Unternehmen beginnt bei den Mitarbeitern und deren Einstellung gegenüber Fehlern, Problemen, Verbesserungen, der Eliminierung von Verschwendung und dem Fokus auf den Wert des Produktes oder der Dienstleistung für den Kunden. Hierzu ist eine Kulturveränderung notwendig, die nicht innerhalb weniger Monate zu errei-

chen ist. Erscheint dem Management dieser Weg zu zeitintensiv und zu aufwendig, bleibt nur die Beschränkung auf die Window-Dressing-Variante.

Der wesentliche Kern von Lean Management kann mittels fünf Prinzipien beschrieben werden (vgl. Womack 2003):

- *Präzise Beschreibung des Wertes des Produktes oder der Dienstleistung*: Der Wert eines Produktes oder einer Dienstleistung wird ausschließlich vom Kunden bestimmt. Deshalb stehen für Unternehmen, die Lean Management realisieren wollen, die Anforderungen des Kunden und deren „Wertschätzung" von Produkten und Leistungen bzw. deren Eigenschaften an erster Stelle.
- *Identifikation des Wertstromes des Produktes oder der Dienstleistung*: Hierbei geht es nicht nur um die interne Supply Chain, also den Ablauf des Wertschöpfungsprozesses im Unternehmen, sondern um das gesamte Netzwerk von Unternehmen (Lieferanten, Lieferanten der Lieferanten usw.), die für die Herstellung eines Endproduktes verantwortlich sind (externe Supply Chain). Alle Tätigkeiten (ob wertschöpfend oder nicht) sind Bestandteil des Wertstromes und somit Gegenstand des Produktions- bzw. Prozesssystems (Lean Management).
- *Fluss (Flow) des Wertes ohne Unterbrechung*: Dieses Lean-Prinzip fordert einen Wertschöpfungsprozess, der nicht durch Lagerung von Zwischen- oder Endprodukten und durch Liegezeiten im Produktionsprozess unterbrochen wird. Dieses Prinzip ist am schwierigsten umzusetzen, da das stapelweise Abarbeiten von Zwischenschritten (Losgrößenfertigung) eine Art Naturgesetz menschlicher Arbeitsweise zu sein scheint, welches nur ungern durch das Flow-Prinzip ersetzt wird.

- *Ziehen (Pull) des Wertes durch den Kunden*: Nach diesem Prinzip wird der Wertstrom nicht durch den Planungsprozess des herstellenden Unternehmens in Gang gesetzt, sondern durch den Bedarf bzw. die Nachfrage des (End-)Kunden. Es wird demnach nur dann produziert, wenn die Produkte oder die Dienstleistungen gebraucht werden.
- *Streben nach Perfektion*: So wie das Lernen in unserer Wissensgesellschaft nie aufhört, so ist Kaizen (Lean Management) eine Daueraufgabe. Die Umsetzung des Flow- und des Pull-Prinzips kann immer verbessert werden, und selbst Unternehmen wie Toyota, die vor über 50 Jahren begonnen haben, Kaizen (Lean Management) zu realisieren, streben weiter nach Perfektion.

2.2 Added Value (Wertschöpfung)

Stellt man die Frage nach der Definition des Wertes kann man sich dieser unter Zuhilfenahme der Fragestellung „Was möchte der Kunde?“ annähern. Hierbei entsteht die Unterscheidung zwischen Prozessen, die der Kunde sich „wünscht“ und Prozessen die der Kunde sich „nicht wünscht“. Es handelt sich dabei um die Beschreibung des Added Values (Wertschöpfung) und der Verschwendung (Muda). Bei der Wertschöpfung geht es ausschließlich um wertsteigernde Tätigkeiten, die für den Kunden von Nutzen sind und wofür er bereit ist, einen höheren Preis für diesen Prozess/diese Funktion am Produkt zu bezahlen.

> ➔ Added Value (Wertschöpfung): An einer Kiste werden Haltegriffe angebracht, die es dem Kunden ermöglichen, diese leichter zu tragen.

2.3 Verschwendung, Unausgeglichenheit, Überbeanspruchung

Verschwendung ist der Sand im unternehmerischen Getriebe, der zu hohen Kosten, unzureichender Effizienz und fehlender Effektivität bei der Erreichung der Ziele führt. Deshalb ist die Beseitigung von Verschwendung eines der Kernziele von Lean Management. Aber Lean Management geht noch weiter. Ziele des Lean Management sind:

- Vermeidung von Verschwendung (Muda),
- Beseitigung von Unausgeglichenheit (Mura),
- Reduzierung von Überbeanspruchung (Muri).

Verschwendung (in der japanischen Sprache Muda) ist ein Schlüsselbegriff im Lean Management. Dieser bezeichnet jede Aktivität, die Ressourcen in irgendeiner Form (Arbeitskraft, Flächen, Maschinen etc.) verbraucht, jedoch keinen Wert erzeugt.

Verschwendung ist in allen Bereichen des Lebens zu finden. Nicht nur in der Produktion von Unternehmen, sondern auch in Dienstleistungsunternehmen, der öffentlichen Verwaltung und im Lagerbereich von Unternehmen.

Probates Mittel gegen Verschwendung ist das Lean Management, welches den Weg aufzeigt, wie die wertschöpfenden Aktivitäten erkannt und in einer Art und Weise organisiert werden können, sodass alle nachfolgend genannten Formen von Verschwendung weitestgehend beseitigt werden:

- Überproduktion: Herstellung von Produkten, für die keine Aufträge vorliegen, woraus Lagerbestände entstehen.
- Wartezeit: Mitarbeiter, die auf den Abschluss des vorgelagerten Prozessschrittes warten und aufgrund von Fehlmengen oder wegen technischer Ausfälle und Kapazitätsengpässen keine Arbeit haben.

- Unnötiger Transport oder Beförderung: Transport von Halbfabrikaten über lange Distanzen, Transport von Material in oder aus einem Lager oder zwischen Prozessschritten.
- Unnötige oder falsche Prozesse: ineffiziente Prozesse aufgrund schlechter Werkzeuge oder Produktgestaltung sowie nicht notwendige Prozessschritte.
- Überschüssige Lagerbestände: überflüssige Bestände an Halbfabrikaten und Fertigprodukten, Bestände obsoleter Teile oder Produkte.
- Unnötige Bewegungen: überflüssige Bewegungen/Aktivitäten von Mitarbeitern während der Arbeit (z. B. das Holen von Werkzeugen und Material, mehrfaches Aufnehmen und Ablegen desselben Werkstückes).
- Defekte: Herstellung von defekten Teilen (Ausschuss) oder Fehlerbehebung (Nacharbeit).
- Ungenutzte Kreativität der Mitarbeiter: Verlust von Zeit, Ideen, Verbesserungspotenzial, Fähigkeiten und Chancen zu lernen, wenn Mitarbeiter nicht in den Verbesserungsprozess einbezogen werden.

Unausgeglichenheit (Mura) ist verursacht durch eine unzureichende Abstimmung/Nivellierung der Kapazitäten von Produktionsmitteln in der Supply Chain und Mitarbeitern in der Fertigung. Symptome sind Lagerung von Halbfabrikaten vor den Werkstätten oder Arbeitsstationen. Ursache ist oft eine zentrale Produktionsplanung und Steuerung, durch die man nicht in der Lage ist, einen Wertstrom ohne Unterbrechung zu gewährleisten.

Selbststeuernde Regelkreise (Kanban) oder zeitgenaue, am Bedarf orientierte Anlieferung von Teilen (Just-in-Time) sind probate Mittel zur Beseitigung von Mura.

Überlastung (Muri) im Produktionsprozess entsteht bei Überforderung der Mitarbeiter durch die vorgegebene Arbeitsbelastung (z. B. fehlerhafte Vorgabezeiten) oder ergonomisch ungünstig gestaltete Arbeitsplätze, dies gilt auch für Maschinen und Anlagen. Ergebnis sind Materialwarteschlangen vor den überlasteten Arbeitsplätzen und Fehler in der Durchführung von Arbeitsvorgängen. Darüber hinaus wird die Arbeitszufriedenheit der Mitarbeiter beeinträchtigt und somit letztlich auch der Wertstrom gestört.

Überlastung entsteht auch durch Überforderung von Mitarbeitern aufgrund unübersichtlicher Arbeitsplätze und intransparenter Prozesse. Unterforderung dagegen führt zu Nachlässigkeit.

2.4 Wertzuwachskurve

Eine der wesentlichen Grundprinzipien des Lean Management ist die Visualisierung von Problemen oder Defiziten im Betrieb. Damit kann dem Management die „Dimension" des jeweiligen Problems sichtbar gemacht und somit die Entscheidungsfindung unterstützt werden.

Die Wertzuwachskurve ist ein neues Werkzeug im Lean Management und eignet sich für die Visualisierung des Ausmaßes der Verschwendung (vgl. Pautsch 2010). Im englischen Sprachraum wird dieses Instrument unter dem Begriff „Cost-Time-Profile" schon lange verwendet und ist in Deutschland im Rahmen des Logistik-Controlling ein Standardwerkzeug.

Bei der Anwendung dieses Werkzeuges im Lean Management wird der jeweilige Wert des Produktes während des Herstellungsprozesses kumuliert und auf der Basis einer Analyse (z. B. der Wertstromanalyse) in drei Kategorien eingeteilt:

- *Wertschöpfung* zeigt den eigentlichen Nutzen des jeweiligen Produktionsschrittes auf. Dieser wird vom Kunden als Beitrag zum Wert des Produktes angesehen.

- *Verschwendung Typ I* ist eine Leistung, die für den Kunden keinen Beitrag zum Wert des Produktes darstellt. Aufgrund technischer oder anderer Gegebenheiten ist eine Eliminierung der Verschwendung heute zwar noch nicht möglich, aber sie kann dennoch Schritt für Schritt reduziert werden.
- *Verschwendung Typ II* wird vom Kunden ebenfalls nicht als Beitrag zum Wert des Produktes betrachtet. Durch die Realisierung von Lean Management und den heute bereits umsetzbaren organisatorischen und technischen Möglichkeiten kann diese Verschwendung beseitigt werden.

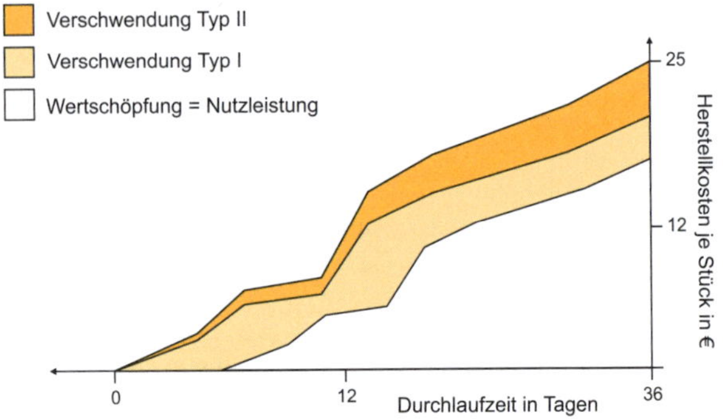

Bild 2: Wertzuwachskurve

In Bild 2 ist eine Wertzuwachskurve dargestellt. Der Wert des betrachteten Produkts erhöht sich mit jedem Prozessschritt der Fertigstellung. Die einhergehende Verschwendung lässt sich in der Wertzuwachskurve als Wertgröße (Differenz des Integrals unter den Kurven) darstellen und damit entsteht ein visueller Eindruck vom Umfang der Verschwendung. Damit wird aufgezeigt, welches Potenzial durch die Realisierung im Rahmen der Lean-Initiative erschlossen werden kann.

2.5 Implementierung

Jedes Lean-Projekt verläuft anders, weshalb hier nur allgemeine Ausführungen für die Implementierung vorgestellt werden können. Auf der Basis praxisorientierter Erfahrungen (Drew/McCallum/Roggenhofer 2005) könnte eine erfolgreiche Implementierung sieben Schritte umfassen:

Uneingeschränkter Wille der Unternehmensleitung, Lean Management einzuführen und den Implementierungsprozess ohne Einschränkungen zu unterstützen.

Dieser erste Schritt ist der wichtigste. Ohne das „Rückgrat" eines überzeugten Managements lässt sich Lean nicht in der Unternehmenspraxis einführen. Noch problematischer ist die Einführung von Lean „ganz oder gar nicht". Ein „wenig Lean" ist ebenso unmöglich wie ein „wenig schwanger". Lean Management erfordert die volle Unterstützung, vor allem, wenn die ersten Schwierigkeiten bei der Akzeptanz der Mitarbeiter auftreten und erste Rückschläge (die oft unvermeidbar sind) eintreten.

Entscheidend ist auch, dass alle Mitarbeiter des Unternehmens erkennen, dass Lean nicht als Alibi für drastische Kostensenkungsprogramme dient, um letztlich eine Freisetzung vieler Mitarbeiter zu erreichen. Entsteht dieser Eindruck, wird Lean nicht erfolgreich sein und in den ersten Stufen der Implementierung stecken bleiben.

Der Implementierungsprozess soll von erfahrenen Lean-Experten unterstützt werden.

Das Lesen von Fachbüchern und die Fortbildung von Mitarbeitern zum Thema Lean Management sind ohne Zweifel hilfreich. Lean Management erfordert jedoch ein so radikales Umdenken, dass die Unterstützung von Experten notwendig ist, die praktische Erfahrungen aus Unternehmen mitbringen, welche Lean Management erfolgreich implementiert haben. Dies können Berater sein, aber auch Mitarbeiter aus Unternehmen, die bereits Lean Management umgesetzt haben und angeworben werden.

Der Vorteil dieser Lean-Experten ist, dass diese Praxiserfahrung besitzen und vor allem die Hürden und Klippen kennen, die im Rahmen der Implementierung auftreten können. Von den Mitarbeitern im eigenen Betrieb verlangt Lean oft die Aufgabe als überlebenswichtig eingeschätzter Vorsorgemaßnahmen. Dies kann z. B. ein Sicherheitsbestand von Schlüsselkomponenten für die Produktion sein, die im Rahmen von Lean Management abgebaut werden sollen. Widerstände sind hier mit Sicherheit zu erwarten, aber nur dem erfahrenen Lean-Experten gelingt die Moderation dieses erforderlichen Lernprozesses aufseiten der Protagonisten der Bestände.

Die operativen Ziele des Managements müssen mit den Lean-Zielen in Einklang gebracht werden.

Zu Beginn jedes Lean-Projekts bestehen zunächst Unternehmensziele, die im Licht der Lean-Philosophie betrachtet werden müssen. Wenn eine eindeutige Entscheidung für Lean getroffen wird, ist jedes dieser Ziele auf die Vereinbarkeit mit den Lean-Zielen zu prüfen. Grundsätzlich sind die Lean-Ziele zu priorisieren.

Identifikation der Verbesserungspotenziale.

Auf der Basis einer Ist-Analyse der Prozesse im Unternehmen wird erkundet, welche Möglichkeiten zur Beseitigung von Verschwendung existieren und wo der Wertstrom unausgeglichen ist. Der Wertstrom, man könnte stark vereinfachend auch Materialfluss sagen, soll im Idealzustand wie auf einem Förderband ablaufen. Ein Strom, der mit gleichbleibender Geschwindigkeit dahinfließt, bis das Produkt schließlich beim Kunden ankommt. Der Strom staut sich an keiner Stelle (es gibt keine Staudämme: Lagerbestände mit langen Liegezeiten). Der Strom wird aber auch nirgends stark beschleunigt (es gibt keinen Wasserfall: Punktbeschleunigung durch schnelle Maschinen oder Expressfracht). Wasserfälle und Staudämme kosten zusätzlich Geld, sind Verschwendung und somit zu eliminieren.

Definition des Soll-Zustandes.

Nachdem Verschwendung, Unausgeglichenheit und Überlastung erkannt sind, kann der angestrebte Idealzustand beschrieben werden. Dieser wird oft als eine Vision dokumentiert und mit einer Verpflichtung des Managements versehen, diesen nach einem definierten Zeitplan in die Praxis umzusetzen.

Durchführung eines Pilotprojekts.

Wer einmal die Einführung einer neuen ERP-Software in Form eines Big Bang im Unternehmen erlebt hat, kennt die Problematik des totalen Chaos, ausgelöst durch eine zu frühe und vollständige Einführung neuer Konzepte. Deshalb ist im Lean Management eine vorsichtige Implementierung in Form eines Pilotprojekts ratsam. Die Vorteile des Pilotprojekts sind überzeugend: Den Mitarbeitern kann praktisch demonstriert werden, dass Lean funktioniert und die Nutzenaspekte überzeugend sind. Dies motiviert zu weiteren Projekten. Außerdem geht das Management kein existenzgefährdendes Risiko für das Unternehmen ein, wenn Rückschläge auftreten. Darüber hinaus sind Korrekturen an den Konzepten möglich, wenn Schwierigkeiten auftreten.

Implementierung des Lean Management im gesamten Unternehmen.

Lean Management wird nach dem Erfolg des Pilotprojekts im gesamten Unternehmen implementiert. Die Implementierung der Lean-Konzepte im gesamten Unternehmen ist nicht das Ende der Geschichte. Das „Streben nach Perfektion“ erfordert eine ständige Weiterentwicklung des Lean Management.

Toyota hat seit mehr als 50 Jahren Erfahrung mit den Lean-Methoden. Fragt man einen Toyota-Manager nach dem Stand der Implementierung und danach, wann der Prozess der Verbesserung abgeschlossen sein wird, so wird völliges Unverständnis das Ergebnis sein. So, wie die Perfektion nie erreicht wird, ist der Prozess der kontinuierlichen Verbesserung nie abgeschlossen. Bei der Implementierung von Lean Management ist immer in Betracht zu ziehen, dass es sich dabei nicht um eine Methode wie z. B. die Statistische Prozessregelung handelt, sondern um eine Unternehmensphilosophie, die von allen Mitarbeitern verinnerlicht und mitgetragen werden muss. Gerade dieser „unsichtbare“ Bestandteil des Lean Management macht den entscheidenden Anteil am Erfolg aus und ist zweifellos die größere Hürde bei der Realisierung als z. B. die Umsetzung von Kanban-Systemen. Dies mag der Grund dafür sein, dass viele Unternehmen sich auf den sichtbaren Teil des Lean Management konzentrieren und den nicht sichtbaren Teil vernachlässigen. Die hierdurch erreichten Erfolge bleiben hinter den Erwartungen zurück.

3 Kaizen (KVP) - Verbessern

Der Ausdruck Kaizen stammt aus dem Japanischen und bedeutet die **Veränderung zum Guten** (Kai = verbessern; Zen = gut). Das deutsche Pendant dafür ist das KVP – der Kontinuierliche Verbesserungsprozess, der niemals endet und somit als das Streben nach der **Perfektion** zu sehen ist.

Das Grundwesen der kontinuierlichen Verbesserung ist das der stetigen kleinen Schritte auf einer Treppe nach oben, was im Gegensatz zur Innovation steht. Innovation wiederum zielt auf große Sprünge ab, die aber in größeren Zeitabständen zueinander stehen.

Im Vergleich zu den klassischen Unternehmensphilosophien entziehen sich Lean-Unternehmen keinem dieser Ansätze. Insbesondere da die Innovation die Eigenschaft aufweist, ohne die ständige Verbesserung im Zeitablauf an Effizienz zu verlieren und somit die zu erwartenden Ergebnisse nicht zu erreichen (Bild 3).

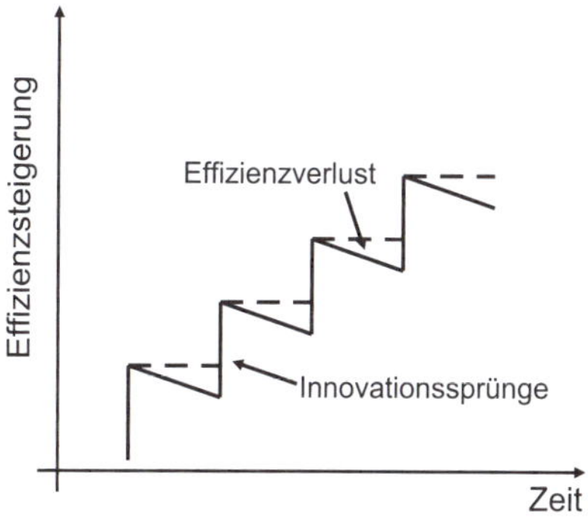

Bild 3: Effizienzverlust

Lean-Unternehmen nehmen diese Erkenntnis auf und nutzen sowohl die Innovation als auch Kaizen. Somit erreichen diese eine viel höhere Effizienz in der operativen Umsetzung (Bild 4). Unter Innovation wird die organisatorische und technische (sowohl durch Entwicklung als auch durch Kapitaleinsatz herbeigeführte) Veränderung verstanden.

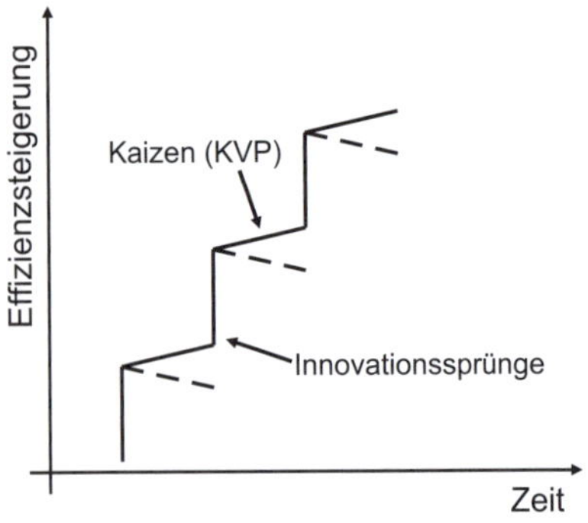

Bild 4: Innovation und Kaizen

Mit der Philosophie des Kaizen versucht man, nicht stehen zu bleiben, den „Motor immer in Betrieb zu halten“, die Kreativität aller Mitarbeiter zu nutzen und sich gegenüber den Wettbewerbern einen Vorteil zu verschaffen. Dies erfordert aber ...

... die nachhaltige Implementierung von Kaizen und stellt gleichzeitig eine enorme Herausforderung für die Organisation dar:

- Kaizen kann nicht delegiert und diktiert werden.
- Kein System, keine Struktur, kein Kaizen.
- Keine Kapazitäten, kein Kaizen.
- Kaizen ist zu 100 % von Menschen abhängig.

- Kaizen kennt keine Kompromisse.
- Keine Fehlerkultur, kein Kaizen (vgl. Kapitel 3.1).

Die Realisierung von Kaizen in einem Unternehmen erfordert einige Voraussetzungen im Unternehmen:

- Hansei – Notwendigkeit der Selbstreflexion,
- Hoshin Kanri – Policy Deployment,
- Genchi Genbutsu und Gemba,
- Lean-Struktur/Ziele,
- individuelle Verbesserungen,
- Workshops/Teamwork,
- internes Verbesserungsvorschlagswesen.

3.1 Hansei – Notwendigkeit der Selbstreflexion

WORUM GEHT ES?

Der Mensch kann nicht alles sehen und wissen. Dies ist ein anerkannter Standpunkt und dennoch vergessen wir dies leider allzu oft, insbesondere im Berufsleben. Im Gegenteil, wir sind oft der Meinung, dass das Eingeständnis eines Fehlers mit dem des eigenen Versagens gleichzusetzen ist. Eine Organisation aber, die Kaizen leben will, muss die Voraussetzungen dafür schaffen, Fehler nicht als ein Versagen anzusehen, sondern als eine Möglichkeit der Verbesserung. Somit ist die Entstehung des Fehlers oder das Abweichen von der Planvorgabe die Voraussetzung zu Verbesserungen (Bild 5).

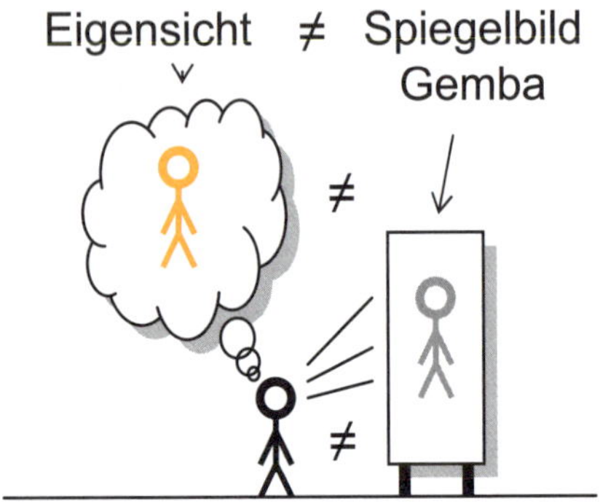

Bild 5: Selbstreflexion (Die persönliche Selbsteinschätzung weicht von der realen ab, man nutzt also das Spiegelbild, um ein Feedback zu bekommen.)

Die Verbesserung an sich selbst bedarf der Notwendigkeit. Ohne die Notwendigkeit zur Verbesserung gibt es kein Kaizen. Das wiederum heißt, dass alles, was der Mensch tut oder erschafft, nicht perfekt oder vollkommen ist und somit verändert werden muss.
Es existiert also ohne Veränderung keine Verbesserung.
Ohne das Verständnis für die Fehlerkultur ist das Leben von Kaizen unmöglich!

WAS BRINGT ES?

Kaizen ermöglicht es, das Tor zu einer höheren Effizienz und Wirtschaftlichkeit zu öffnen und den Weg dahin zu beschreiten. Technische Probleme an den Fertigungseinheiten können nun gelöst werden, da diese nicht als gegeben angesehen werden. Alles wird hinterfragt und der Verbesserung preisgegeben. Die politischen Hürden werden aufgelöst und die Macht der Mitarbeiter wird gestärkt. Jeder Einzelne ist nun aufgefordert, über seinen eigenen Schatten zu springen und eigene Fehler realistisch einzuschätzen sowie diese offenzulegen.

Die typische Anwendung zieht sich durch das gesamte Unternehmen und alle Lean Tools, welche den Ist-Zustand abbilden und hinterfragen. Beispiele dafür sind:

- Genchi Genbutsu und Gemba (vgl. Kapitel 3.3),
- Kaizen Workshops (vgl. Kapitel 3.6),
- Poka Yoke (vgl. Kapitel 8).
- usw.

3.2 Hoshin Kanri – Policy Deployment

WORUM GEHT ES?

Unter Hoshin Kanri/Policy Deployment wird die strategische Ausrichtung des Unternehmens und des Lean-Systems verstanden. Es ist also die Integration lang-, mittel- und kurzfristiger Ziele im Lean-System. Die Besonderheit dabei ist, dass bei Hoshin Kanri die Zielvereinbarung zwischen der obersten und den darunter liegenden Ebenen erfolgt. Das heißt, dass die Ziele sowohl vertikal als auch horizontal differenziert und auf die Ebene der einzelnen Maschinen detailliert dargestellt werden und damit die Zielvereinbarung gemeinsam erfolgt. Hierdurch schafft Lean Management Raum sowie die Notwendigkeit zur Verbesserung und löst diese damit gleichzeitig aus. Es ist eine falsche Annahme, dass Kaizen ausschließlich aus dem Willen jedes Einzelnen entsteht. Die Planung von Kaizen ist ein wesentlicher Beitrag zu Kaizen selbst. Hierbei geht man von folgenden Zielen aus:

- abstrakte Ziele – Unternehmensvision,
- konkretisierte Ziele – Jahresbudget,
- operative Ziele – Abteilungs-OEE (Overall Equipment Effectiveness),
- Gruppenziele – Linien-OEE,
- personalisierte Ziele – Maschinen-OEE usw.

Ziel ist es, für jeden Mitarbeiter sichtbar zu machen, was sein Beitrag zur Erfüllung des Gesamtunternehmenszieles ist, und zwar auf einer Ebene, die für ihn verständlich und operativ umsetzbar ist (Bild 6).

Bild 6: Hoshin Kanri Mitarbeiterebene

Des Weiteren sind die Ziele auf die Verbesserung auszurichten. Dies bedeutet, dass bereits verbesserte und stabilisierte Bereiche aus der ersten Ebene der Zielstellung herausgenommen werden und die Bereiche, die zu verbessern sind nachrücken.

WAS BRINGT ES?

Mit Hoshin Kanri wird erreicht, dass jeder Mitarbeiter an die Unternehmensstrategie gebunden ist und über die Hintergründe und Ziele informiert wird. Mitarbeiter können bei der Gestaltung der Ziele mitwirken und somit die Vergabe von unrealistischen Zielen beeinflussen sowie diese auf die Verbesserung der Prozesse mit ausrichten. Sie sind stärker motiviert und behalten die Zielausrichtung im Kopf, welche zu mehr gebündelten Aktionen im Unternehmen führt. Das Lean Management erreicht hiermit einen höheren Zielerreichungsgrad als die konventionellen Zielsetzungsmethoden und generiert daraus einen höheren wirtschaftlichen Erfolg.

3.3 Genchi Genbutsu und Gemba

WORUM GEHT ES?

Genchi Genbutsu ist ein japanischer Begriff, der das Ziel verfolgt: „Gehe und überzeuge dich selbst." Der Begriff beinhaltet die Eigenschaft Gemba: „Gehe an den Ort des Geschehens, wo das Geschehen entsteht, und versuche nicht, die Lösung aus dem Büro zu erahnen." Genchi Genbutsu beinhaltet also:

- Ort des Geschehens.
- Beobachte mit deinen eigenen Augen das Geschehen.
- Vergleiche gute Teile mit schlechten Teilen.
- Mach dir ein Bild von den realen Problemen, wo diese entstehen.

WAS BRINGT ES?

Der Kontakt mit der Realität ist für die Verbesserung von großer Bedeutung. Es verpflichtet zur Konfrontation mit echten Daten und Selbstbeobachtung vor Ort, es zwingt somit zur Distanzierung von Annahmen und Entscheidungen ohne reelle Basis.

Während eines SMED-Kaizen-Workshops beginnt die Gruppe der Mitarbeiter nach der theoretischen Einweisung das Problem zu verstehen, indem sie z. B. die 7 M beantwortet (vgl. Kapitel 12). Dies geschieht mithilfe der Moderation an der Maschine. Die Daten werden erfasst und überprüft/hinterfragt.
Danach erfolgt die Beobachtung des Rüstablaufs in der Fertigung während des normalen Produktionsbetriebs. Es werden keine Vermutungen im Schulungsraum angestellt, in welchen Schritten die Umrüstung erfolgt und wie lange sie ungefähr dauert.

3.4 Lean-Struktur/Ziele

WORUM GEHT ES?

Ein weiterer Aspekt der Verbesserung zum Guten, also Kaizen, ist die hierfür erforderliche Struktur. Es sind drei wesentliche Aspekte zu beachten. Auf der einen Seite ist es von Bedeutung, die Ressourcen, auf der anderen Seite die Organisation zu schaffen. Außerdem ist die Vermittlung der Ziele und der entsprechenden Daten notwendig. Diese werden zwar im Rahmen des Hoshin Kanri/Policy Deployment generiert, müssen aber vermittelt und umgesetzt bzw. durchgesetzt werden. Hierfür bedient sich das Lean Management der folgenden zwei Lean-Werkzeuge, dem Visual Management und der Teamstruktur. Bei Visual Management verweisen wir auf das Kapitel 4.

Die Lean-Teamstruktur geht davon aus, dass die Mitarbeiter geführt werden müssen, um Kaizen zu generieren.

Ein weiterer wichtiger Aspekt zur Umsetzung von Lean Management ist also die Einführung von APUs (Autonomous Production Units) zur Sicherstellung der notwendigen Ressourcen.

WAS BRINGT ES?

Die Teamstruktur ist neben dem Visual Management das Lean-Werkzeug, um das Ziel und die Motivation der Mitarbeiter in Kaizen umzuwandeln. Diese stellt in ihrer Form auch die Ressourcen zur Verfügung.

Für eine oder mehrere Fertigungszonen gibt es ein Team, welches aus Mitarbeitern und einem Teamleiter besteht. Dieser arbeitet zu mindestens 50 % in der Fertigung mit, den Rest seiner Zeit widmet er der Unterstützung und Koordination des Teams und der Kaizen-Aufgaben. Der Teamleiter ist kein Vorgesetzter.
Ein Teamleiter hat 5 ± 2 Mitarbeiter zu führen. Die nächsthöhere Ebene ist der Supervisor. Dieser führt 5 ± 2 Teamleiter an und arbeitet in einer Managementfunktion. Das heißt, er nimmt an Management Routines teil und trainiert Mitarbeiter. Über dem Supervisor ist der APU-Manager positioniert, der ebenfalls 5 ± 2 Mitarbeiter führt (Bild 7).

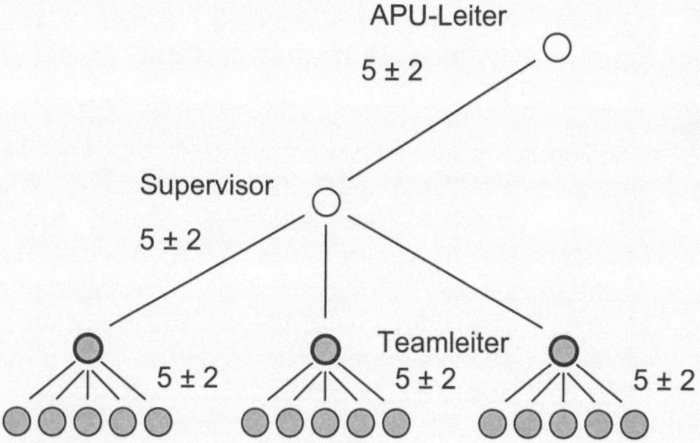

Bild 7: Teamstruktur einer APU

3.5 Individuelle Verbesserungen

WORUM GEHT ES?

Die individuelle Verbesserung generiert das Lean Management aus der Motivation der Mitarbeiter. Es handelt sich konkret um eine Verbesserung eines Mitarbeiters, die er selbst erarbeitet hat und die operationalisierbar ist. Dabei sind die Treiber die Zielvorgabe, die Teamstruktur und die Kompetenz, Verbesserungen einleiten zu können (vgl. Kapitel 3.7).

WAS BRINGT ES?

Dies bedeutet, dass es Initiativen/Programme gibt, die dem Einzelnen die Möglichkeit geben, jede Art von Verbesserung einzubringen. Die Organisation muss den Verbesserungen Folge leisten und diese implementieren, wenn diese sinnvoll sind. Somit ist die Organisation/das Unternehmen gezwungen, aktive Verbesserung zu fördern und diese als ein Hauptziel in der Firmenpolitik, neben den monetären Zielen, zu verankern. Aus diesen erfolgt später wieder die Erbringung der höheren Wirtschaftsleistung.

→ Der Teamleiter einer Fertigungszelle fordert sein Team, aber auch jeden Einzelnen zur Verbesserung auf, um die Ziele zu erreichen. Die Mitarbeiter treffen sich und besprechen die Probleme A und B. Sie nutzen die Lean-Werkzeuge, wie z. B. Brainstorming, und erarbeiten eine Lösung. Wobei immer wieder individuelle Lösungsvorschläge und Ideen eingebracht werden.
Die Ergebnisse und Erkenntnisse werden dem Teamleiter vorgestellt. Dieser akzeptiert die Vorgehensweise und beginnt mit dem Team die Umsetzung und den Test in der Praxis.

3.6 Workshops/Teamwork

WORUM GEHT ES?

Das Lean Management lebt von der ständigen und nachhaltigen Verbesserung. Hierfür werden sowohl die individuelle als auch die gruppenbezogene Verbesserung herangezogen. Ist die Verbesserung durch die alltägliche Arbeit nicht zu erreichen, so setzt Lean Management auf Kaizen-Workshops.

Diese Kaizen-Workshops sind auf die speziellen Problemfelder ausgerichtet. Kaizen-Workshops dauern in der Regel drei bis vier Tage und setzen sich aus verschiedenen Mitgliedern des Unternehmens zusammen. Hier werden sowohl Spezialisten als auch Mitarbeiter fremder Bereiche aufgefordert, eine Lösung für das Problem zu erarbeiten. Workshops laufen nach dem PDCA-Kreis ab und haben eine klare Zielvorgabe.

> Das Management nimmt zeitweise an den Kaizen-Workshops teil.

Die Ergebnisse aus diesen werden am Ende des Workshops sowohl dem Management als auch der Abteilung präsentiert, um das entstandene Wissen zu kommunizieren und in der nächsten Produktgeneration in die Praxis umzusetzen.

WAS BRINGT ES?

Der Einsatz des themenbezogenen Kaizen-Workshops erlaubt es auf der einen Seite, sich mit komplexen Problemstellungen zu beschäftigen, auf der anderen Seite signalisiert das Unternehmen bzw. das Management an die Mitarbeiter, welchen hohen Stellenwert die betreffende Verbesserung hat. Der besondere Stellenwert von Kaizen wird insbesondere durch die Freigabe der notwendigen Ressourcen in den Workshops sichtbar und zwingt zudem die Workshop-Teilnehmer zu schnellen und kostengünstigen Lösungen. Dürch die Zurverfügungstellung der Ressourcen signalisiert das Management sowohl die Bedeutung der Aufgabenstellung als auch die Unterstützung der Mitarbeiter und erhöht somit die Motivation.

➔ Die Umrüstzeit am Spritzautomaten dauert über zwei Stunden. Dies stellt eine Problematik dar, da die Kunden eine höhere Flexibilität erwarten. Der APU-Leiter hat ein Team aufgefordert, einen SMED-Workshop abzuhalten.

1. Der Workshop startet mit der Zielvorgabe des Managements: In diesem Fall ist die Halbierung der Rüstzeit die Vorgabe.
2. Der Lean Manager beginnt mit der Einweisung in die Theorie und die Lean-Werkzeuge.
3. Danach erfolgt Gemba, also das Sammeln von Informationen und Daten an der Maschine und über den Prozess.
4. Als Nächstes erfolgt die Beobachtung des Rüstvorgangs in der Fertigung. Dabei ist es wichtig, dass es sich um einen regulären Umrüstvorgang handelt. Hierbei werden Daten, wie Zeit, Weg und Zuständigkeit, sowie allgemeine Feststellungen gesammelt.
5. Es erfolgt die Auswertung des Rüstvorgangs. Das Team bespricht die Daten und Beobachtungen mit den Mitarbeitern aus der Fertigung. Nun wird unter Berücksichtigung der Lean-Werkzeuge ein neuer Rüstablauf generiert. Verbesserungen werden vom Team – wenn möglich – sofort umgesetzt.
6. Nun steht wieder Gemba auf der Tagesordnung! Der neue Rüstablauf ist ohne einen weiteren Test ausschließlich eine Annahme, sagt der Lean Manager, sodass das Team noch einmal umrüstet und dies nach dem gleichen Schema beobachtet.

7. Verbesserungen werden erkannt und der neue Rüstablauf sowie die neue Zielzeit werden bestimmt. Die Teams legen fest, wann die Mitarbeiter geschult werden sollen, und ein dazugehöriger Aktionsplan wird erstellt.
8. Es erfolgt nun eine Präsentation vor dem Management. Hier werden die Ergebnisse dargestellt und die weiteren Schritte für die Nachhaltigkeit festgelegt.

3.7 Internes Verbesserungs-vorschlagswesen

WORUM GEHT ES?

Lean Management greift nicht nur auf gezielte Verbesserung, die durch die beschriebenen Werkzeuge hervorgerufen wird, sondern auch auf die Eigenmotivation der Mitarbeiter zurück. Hierfür verfolgt Lean Management ein Prinzip, wonach jeder Mitarbeiter das Recht hat, eine Verbesserung einzureichen. Das Recht ist nicht ausschließlich auf dessen Arbeitsumfeld beschränkt, sondern erlaubt, an der Verbesserung an jedem Unternehmensprozess mitzuwirken. Der Anspruch auf Verbesserung gibt dem Mitarbeiter das Recht, auf einer Antwort betreffend den Vorschlag sowie bei positiver Bewertung auf einer Umsetzung innerhalb eines kurzen Zeitraums einschließlich Prämierung zu bestehen.

WAS BRINGT ES?

Lean Management verfolgt das Ziel, die Kreativität des Mitarbeiters zu fördern und die damit verbundene Möglichkeit von Kaizen zu nutzen. Außerdem erlaubt die interne Verbesserung, Betriebsblindheit abzubauen und neuen Ideen freien Lauf zu lassen. Mitarbeiter, die eine stärkere Eigenmotivation haben als andere, werden somit in den Verbesserungsprozess eingebunden und damit auch motiviert. Der Mitarbeiter soll durch das Management nicht allein gelassen, sondern in seinen Verbesserungsinitiativen bestärkt werden.

Reichen Mitarbeiter Verbesserungsvorschläge ein, sollten diese innerhalb von 24/48 Stunden beantwortet werden. Dies führt zu einer höheren Motivation des Mitarbeiters, da dieser ein Feedback bekommt und sich somit sicher ist, dass er Gehör findet. Eine zu lange Frist demotiviert! ■

In einem Unternehmen der Elektronikauftragsfertigung wird eine Software zur Prüfung der hergestellten Baugruppe eingesetzt. Die Baugruppe wird zwar über einen längeren Zeitraum in großen Stückzahlen hergestellt, die technischen Anforderungen haben sich jedoch gravierend verändert. Dies führte dazu, dass immer mehr gefertigte Baugruppen von der Software als fehlerhaft erkannt wurden, obwohl sich in einer manuellen Nachprüfung eine Fehlerfreiheit ergeben hat.
Ein Mitarbeiter reichte einen Verbesserungsvorschlag mit der Idee ein, die Software an die geänderten Anforderungen anzupassen und somit die kostenaufwendige Nacharbeit zu vermeiden. Der Vorgesetzte hatte zunächst Bedenken, da der Zeitaufwand für die Softwareanpassung bei etwa einer Arbeitswoche lag. Die errechnete Zeitreduzierung bei der Baugruppenprüfung zeigte jedoch, dass die Investition gerechtfertigt war.
Der Mitarbeiter erhielt den Auftrag zur Softwareanpassung. Das Unternehmen erreichte eine jährliche Kostenreduzierung im fünfstelligen Bereich, der Mitarbeiter wurde mit einer Prämie in Höhe der halben jährlichen Kostenreduzierung belohnt. ■

4 Visual Management – Sehen lernen

Informationsvermittlung ist in der heutigen Gesellschaft eine der wichtigsten Aufgaben. Bezieht man diese Aufgabe auf die Unternehmen, steht man vor den gleichen Problemen wie in der Gesellschaft. Quantität ist nicht gleich Qualität. Die qualitative Entscheidung hängt von der Qualität der Informationsvermittlung ab. Aus der Qualität der Entscheidungen resultiert der Erfolg eines Unternehmens und zeigt uns, welchen Stellenwert die Informationsvermittlung hat.

Visual Management bildet die Basis und das Alltagswerkzeug des Managements und der Mitarbeiter in einem Lean-Unternehmen. Es ist die Grundlage für Kaizen und Quick Response, der schnellen Reaktion auf Abweichungen. Es spiegelt den Zustand eines Prozesses, einer Abteilung oder eines Unternehmens in Form von sofort sichtbaren Informationen, über Soll-Zustand und Ist-Zustand sowie dessen Abweichungen wider. Die Informationsvermittlung erfolgt direkt aus dem Prozess und ist auf diesen ausgerichtet, was zu einem sofortigen Handeln der verantwortlichen Personen führen muss. Die fordert und fördert die Kaizen-Aktivität.

4.1 Value Stream Mapping (VSM)

WORUM GEHT ES?

Unter VSM – Value Stream Mapping wird die Wertstromanalyse (Bild 8) verstanden. Der Material- und Informationsfluss wird entlang der Prozesskette abgebildet, wobei die Analyse ausgehend vom Kunden bis zum Lieferanten reicht. Die einzelnen Prozessschritte werden aufgezeichnet und nach ihrem Status, wertsteigernd oder nicht wertsteigernd, bewertet.

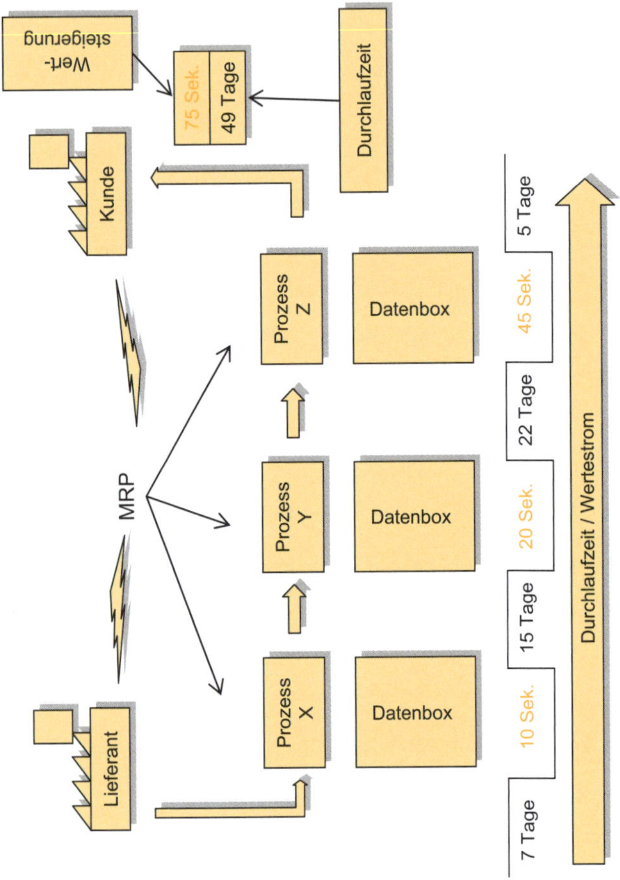

Bild 8: Wertstromanalyse

WAS BRINGT ES?

Die Wertstromanalyse erlaubt den Mitarbeitern und dem Management im Lean Management die Prozesse aus der Sichtweise des Kunden zu betrachten und nach Muda (Verschwendung) zu durchforschen. Jeder einzelne Prozessschritt wird nun auf seine Wertsteigerung hin untersucht, bewertet und zur Entscheidung weitergeleitet. Mit der Wertstromanalyse bezweckt das Lean Management das „Sehen“ und das „Sehen lernen“, also die Fähigkeit zur Unterscheidung zwischen wertsteigernden und nicht wertsteigernden Prozessen.

→ Für die Hauptprozesse werden detaillierte Daten, wie z. B. Overall Equipment Effectiveness (OEE), Zyklus, Taktzeit usw. erfasst, die Nebenprozesse nur mit dem Zeitaufwand, Prozess, Personalaufwand usw. Dies erfolgt in Teamarbeit und mit Gemba. Das heißt, dass das Team die gesamte Prozesskette von der Auslieferung des Produktes bis zur Anlieferung der Materialien vor Ort durchgeht, die Daten direkt sammelt und überprüft/hinterfragt. Diese werden nun im Besprechungsraum auf großem Papier nach den VSM-Regeln zusammengetragen. Als Ergebnis der Wertstromanalyse entsteht eine Übersicht der Prozesse, unterteilt nach wertschöpfenden und nicht wertschöpfenden Prozessen, sowie die Gegenüberstellung der gesamten Durchlaufzeit mit der wertschöpfenden Zeit.

Erfahrungswerte zeigen, dass die Diskrepanz zwischen der Durchlaufzeit und der wertschöpfenden Zeit zu Beginn der Lean-Anstrengungen astronomisch hoch ist. In dem dargestellten Beispiel sieht dies wie folgt aus:

Hier ist besonders anzumerken, dass in der Praxis der Kunde ausschließlich für die Wertschöpfungszeit zu bezahlen bereit ist!

$$\frac{Wertschöpfungszeit}{Durchlaufzeit} \frac{= 65{,}4\,Sekunden}{= 58\,Tage}$$

Nun beginnt das Team einzelne Prozesse zu hinterfragen und Aktionen abzuleiten mit dem Ziel, die Durchlaufzeit zu reduzieren. Dies kann anhand einzelner Kaizen-Aktivitäten oder Kaizen-Workshops geschehen.

4.2 Key Performance Indicators (KPIs)

WORUM GEHT ES?

Stellen Sie sich vor, Sie fahren einen Pkw und besitzen keinen Tachometer. Sie können die vorgeschriebene Fahrgeschwindigkeit nur „nach Gefühl" einhalten. Es ist allgemein bekannt, dass die Gestaltung des Straßenraums und die des Fahrzeugs die „gefühlte" Geschwindigkeit maßgeblich beeinflussen. Sie halten die vorgeschriebene Geschwindigkeit also nur „ungefähr" ein.

Im Unternehmen ist die Steuerung „nach Gefühl" nicht weniger gefährlich als beim Pkw-Fahren. Es gilt der Grundsatz: „Was man nicht messen kann, kann man auch nicht steuern." Deshalb sind Kennzahlen eine der tragenden Säulen im Lean Management. Man benötigt hierfür jedoch keineswegs eine große Anzahl von Kennzahlen, auch wenn die Hersteller von Enterprise-Resource-Planning-Systemen uns dies glauben machen wollen. Wenige, gut ausgewählte Kennzahlen reichen aus, um im Sinne des Visual Management über ein leistungsfähiges Werkzeug zu verfügen.

Wie viele Kennzahlen braucht ein Unternehmen?
Eine Vielzahl von Kennzahlen verstellt den Blick „auf das Wesentliche". Wenige, gut ausgewählte Kennzahlen, die sich an den aktuellen Zielen und „Brennpunkten" des Unternehmens orientieren, reichen aus, um ein Unternehmen zu führen. Das Prinzip „Lean" gilt nicht nur für Prozesse und Strategien, sondern ganz besonders auch für Kennzahlen.

WAS BRINGT ES?

Im Folgenden werden zwei Kennzahlen, die Overall Equipment Effectiveness (OEE) und die Total Effective Equipment Productivity (TEEP) vorgestellt. Diese beiden Kennzahlen sind die Voraussetzung z. B. für die Realisierung von Lean-Konzepten wie Total Productive Maintenance (vgl. Kapitel 6) oder die Einführung von Kontinuierlichen Verbesserungsprozessen (siehe Kapitel 3).

In jedem Produktionsprozess sind versteckte Produktivitätsreserven vorhanden. Der erste Schritt zu deren Ausschöpfung ist, diese sichtbar zu machen. Die Leistungsfähigkeit eines Produktionssystems wird durch drei Faktoren bestimmt:

- Verfügbarkeit (Availability),
- Qualität (Quality),
- Leistungsfähigkeit (Performance).

Nur wenn alle drei Aspekte der effektiven Leistungsfähigkeit von Produktionsanlagen sichtbar gemacht werden, kann gezielt mit einer Verbesserung der Leistung begonnen werden.

Am Beispiel einer Sortieranlage eines Paketdienstes soll die Berechnung der OEE aufgezeigt werden.
Die Verfügbarkeitsrate berechnet sich entsprechend folgender Formel:
Verfügbarkeitsrate = (Anlagenhauptzeit – ungeplante Stillstände): Anlagenhauptzeit · 100

Verfügbarkeit der Sortieranlage eines Paketdienstes
Zweischichtbetrieb je acht Stunden
Geplanter Stillstand für Einstellungsarbeiten: zehn Minuten
Ungeplante Stillstände durch technische Probleme: 30 Minuten
Verfügbarkeitsrate =
(969 min – 10 min – 30 min): 950 min · 100 = 96,8 %
(960 – 10 – 30): 950 · 100 = 96,8 %

Qualitätsrate = (produzierte Stücke – fehlerhafte Stücke): produzierte Stücke 100

Qualität der Sortieranlage eines Paketdienstes
Sortierte Pakete insgesamt: 60 Stück
Falsch sortierte Pakete (manuelle Nacharbeit erforderlich): vier Stück
Qualitätsrate = (60 St. – 4 St.): 60 St. · 100 = 93,3 %

Leistungsindex = produzierte Stücke ideale Produktionszeit: Betriebszeit 100

Leistung der Sortieranlage eines Paketdienstes
Zweischichtbetrieb je acht Stunden
Ideale Transportzeit in der Anlage: 13 Minuten
Beförderte Pakete: 60 Stück
Qualitätsrate = 13 min 60 St.: 920 min 100 = 84,8 %

Gesamtanlageneffektivität (OEE) = Verfügbarkeitsrate Qualitätsrate Leistungsindex

Gesamtanlageneffektivität der Sortieranlage eines Paketdienstes
Gesamtanlageneffektivität = 0,968 0,848 0,933 100 = 76,6 %

Die Berechnung zeigt, dass trotz einer auf den ersten Blick hohen Verfügbarkeit der Sortieranlage (96,8 %) insgesamt eine viel geringere Gesamtanlageneffektivität resultiert (76,6 %). Viele Unternehmen haben eine Gesamtanlageneffektivität von weniger als 60 %. Mit Total Productive Maintenance (vgl. Kapitel 6) kann dieser Wert erheblich verbessert werden.

Die Total Effective Equipment Performance verbindet die Overall Equipment Effectiveness mit den Planungszeiträumen des Unternehmens (also z. B. 24 Stunden oder das Geschäftsjahr mit 365 Tagen). Hierdurch werden Potenziale aufgezeigt, die über den aktuellen Horizont der Kapazitätsbetrachtung hinausgehen. Diese „versteckten“ Kapazitäten können dann erschlossen und erweiterte Nutzungszeiten der Produktionsanlagen in Betracht gezogen werden.

Bezogen auf das Beispiel Paketdienst ergibt sich folgende Berechnung:

Total Effective Equipment Performance (TEEP) = Belastung der Anlage · Overall Equipment Effectiveness (OEE)

Belastung der Anlage = geplante Anlagenzeit: Planungszeitraum

Gesamte effektive Anlagenleistungsfähigkeit der Sortieranlage eines Paketdienstes
Zweischichtbetrieb je acht Stunden, sechs Tage je Woche
Planungszeitraum sieben Tage/24 Stunden

Belastung der Anlage = 8 Stunden 2 Schichten 6 Tage: (7 Tage 24 Stunden) 100 = 57,14 %
Total Effective Equipment Performance (TEEP) = 0,5714 0,766 100 = 43,77 %

Der Wert von 76,6 % für die OEE ist für einen kontinuierlichen Prozess ein akzeptabler Wert, Verbesserungen in Richtung 85 % sind aber durchaus möglich. In einer Losgrößenfertigung könnte man von einer sehr guten Effektivität sprechen, Verbesserungen in Richtung 80 % sind möglich. Werte unter 65 % weisen auf ein hohes Ausmaß an Verschwendung hin.

Die Kennzahl Total Effective Equipment Performance weist auf mögliche, noch nutzbare Kapazitäten hin und kennzeichnet den tatsächlichen Auslastungsgrad einer Anlage.

4.3 Zoning und Andon

Zoning und Andon stellen einen wichtigen Beitrag in der Umsetzung von Standards und Visual Management in der Fertigung dar.

WORUM GEHT ES?

Zoning ist die Abbildung des standardisierten Bestimmungsortes eines beweglichen Gegenstandes bzw. Equipments (Bild 9). Es ist die Umsetzung des zweiten S der 5 S (vgl. Kapitel 6.3), des Seiton, jedes Teil hat einen Platz und jedes Teil ist an seinem Platz.

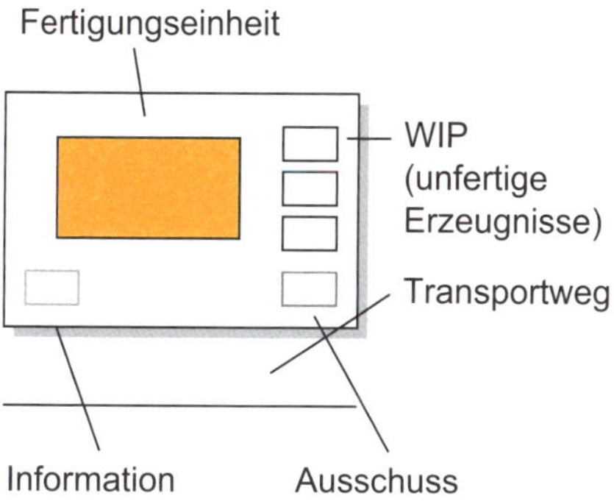

Bild 9: Zoning einer Fertigungszelle (Draufsicht)

WAS BRINGT ES?

Zoning findet man in den meisten Unternehmen in Form von farbigen Bändern auf dem Fußboden, welche z. B. den Palettenplatz abbilden. Hierdurch entsteht die Visualisierung und sofortige Informationsvermittlung. Für den Mitarbeiter ist es sofort ersichtlich, wohin diese Palette gehört. Für den Vorgesetzten entsteht die sofortige Rückkopplung dahin gehend, ob sich der Prozess im Standardrahmen befindet oder nicht.

➔ Im Rahmen eines Workshops wurde eine standardisierte Fertigungszelle vom Team definiert. So wurden die fertigungsspezifischen wie auch die logistischen Erfordernisse berücksichtigt und integriert. Um dies nun zu standardisieren, beginnt das Team die Bereiche festzulegen und diese mit verschiedenen Bändern auf dem Boden zu markieren. Dabei finden die Farben Rot, Grün und Gelb Anwendung, um Ausschuss, Materialien und Informationsbereiche voneinander abzugrenzen (Bild 9). Ein weiteres Beispiel für das Zoning ist das sogenannte „Shadow Board". Zum Beispiel wird auf dem Hintergrund eines Boards das Werkzeug abgebildet. Der Hintergrund wird innerhalb eines 5-S-Workshops erarbeitet, indem für die notwendigen Werkzeuge die dazugehörigen Plätze von den Mitarbeitern defininert werden. Danach werden die Werkzeuge auf dem Board nachgezeichnet. So kann der Mitarbeiter sofort erkennen, welches Werkzeug zu welchem Platz gehört. Viel wichtiger ist aber, dass der Mitarbeiter das Werkzeug auf einen Blick auf seine Vollständigkeit überprüfen kann. Hierdurch kann verhindert werden, dass z. B. die Umrüstzeit einer Maschine durch fehlendes Werkzeug unnötig verlängert wird (Bild 10).

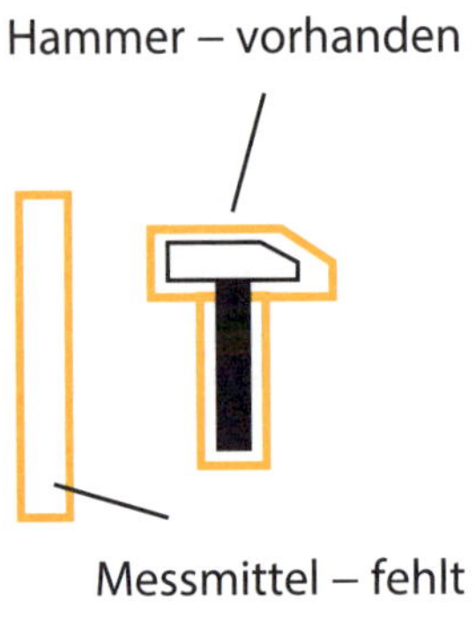

Bild 10: Shadow Board

WORUM GEHT ES?

Andon ist die visuelle Abbildung des aktuellen Status des Fertigungsequipments in der Produktion (Bild 11). Andon bildet mit verschiedenen Leuchttafeln bzw. Leuchtröhren den aktuellen Ist-Status ab und signalisiert jedem im Vorbeigehen oder beim Betrachten sofort, in welchem Zustand sich die Fertigung befindet. Die Signalisierung erfolgt durch Farben, z. B. Grün für Produktion, Rot für Stillstand, oder durch Stückzahlen in Form von elektronischen Zahlenboards.

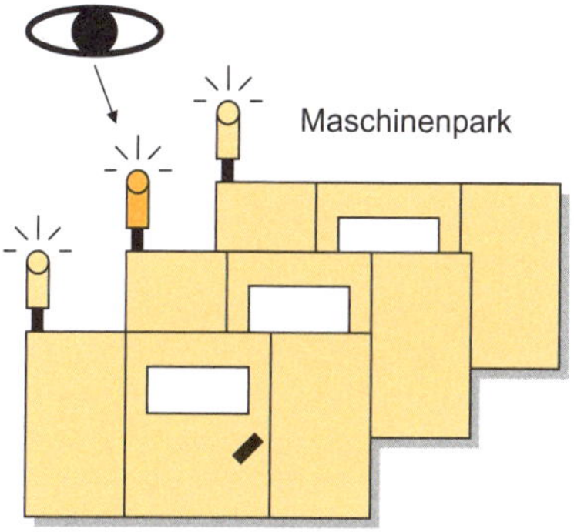

Bild 11: Andon in der Fertigung

WAS BRINGT ES?

Der daraus resultierende Vorteil ist, dass sowohl die Mitarbeiter als auch das Management in der Lage sind, den aktuellen Zustand der Fertigung zu erkennen. Dies erlaubt nun sofort zu handeln oder Maßnahmen einzuleiten, um einer Prozessabweichung entgegenzuwirken. Sie sind die Werkzeuge des Managements, um die Lean Management Routines umzusetzen und somit täglich zu leben.

➔ Durch das Anbringen der Leuchtsignale und der Verbindung mit der Maschine ist das Team (Schichtführer, Teamleiter und Maschinenbediener) immer über den Status der Maschine informiert (Bild 11).

4.4 Jidoka/First Defect Stop

WORUM GEHT ES?

First Defekt Stop ist die moderne Art der Umsetzung der Idee von Jidoka. Hier wird eine Fertigungseinheit mit einem vollautomatischen Stopp versehen, sobald ein Fehler erkannt wird. Der Mitarbeiter hat sich um das fehlerhafte Teil zu kümmern, also das Qualitätsproblem innerhalb einer vorgegebenen Zeit zu beheben (z. B. innerhalb eines Zyklus). Ist der Mitarbeiter nicht in der Lage, den Fehler innerhalb der vorgegebenen Zeit zu beheben, so hat er die nächste Vorgesetztenebene zu kontaktieren. Diese unterstützt ihn nun bei der Fehlerbehebung. Kann der Fehler nicht von beiden behoben werden, entscheidet der Vorgesetzte, ob die kurzfristigen Maßnahmen, die gerade getroffen worden sind, den Kunden vor einer fehlerhaften Fertigung schützen oder ob die Maßnahmen nicht ausreichend sind und die Fertigung nun angehalten werden soll. Danach wird die weitere Vorgehensweise beschlossen.

WAS BRINGT ES?

Mit Jidoka wird im Lean Management der Qualität 100-prozentige Aufmerksamkeit gewidmet. Jede Ursache für jedes nicht konforme Teil muss untersucht und abgestellt werden. Dabei gibt es eine klare Vorgehensweise, die den Mitarbeiter nicht alleine mit dem Problem an der Anlage lässt, sondern auch weitere Eskalationsstufen zur Verfügung stellt. Mit den zunehmenden Stopps der Anlage zwingt Lean Management die Organisation, diese Probleme zu lösen.

➔ Ein Vollautomat wird programmgemäß gestoppt, sobald ein Fehler erkannt wird, und signalisiert dies. Der Maschinenbediener geht zu dem fehlerhaften Teil und beginnt mit der Analyse, wie oben beschrieben. Voraussetzung für diesen Fall (Vollautomat) ist es, dass dieser über eine Steuerung verfügt, welche in der Lage ist, diese Operation durchzuführen.

4.5 Ziel und Status aktuell

WORUM GEHT ES?

Das Lean Management versucht Kaizen auszulösen, indem es Ziele setzt und diese in die Organisation hinausträgt. Hoshin Kanri/Policy Deployment und Teamstruktur sind die beiden Werkzeuge neben dem Visual Management. Nun werden Mittel genutzt, um jedem in der Fabrik das Ziel und den Zielerreichungsgrad bzw. die Abweichung sofort zu kommunizieren und sichtbar zu machen.

WAS BRINGT ES?

Das bedeutet, dass die Ziele des Unternehmens jedem Mitarbeiter bekannt gegeben und operationalisiert sowie Abweichungen kommuniziert werden. Es werden hierfür Dokumente entwickelt, die dem Mitarbeiter erlauben, mit einem Blick das Ziel und den aktuellen Leistungszustand zu sehen, zu vergleichen und somit die Abweichung zu erkennen. Daraus ergeben sich nun Möglichkeiten zur Entscheidung und das Erfordernis derselben, da die Vorgabe und die Abweichung signalisiert werden. Dies gilt sowohl für den Mitarbeiter als auch das Management. Besonders das Management und die Spezialisten im Unternehmen werden nun gezwungen, Gemba zu praktizieren!

Eine Reihe von Dokumenten wird nun an der Fertigungseinheit geführt. Diese Dokumente werden von den Mitarbeitern selbst gepflegt und zusammen mit dem Management ausgewertet (Bild 12).

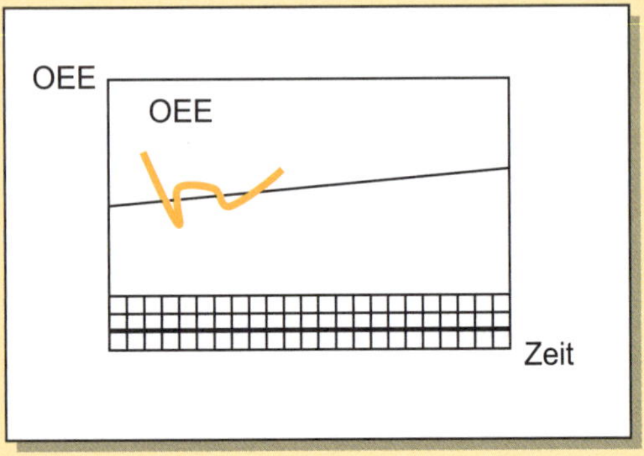

Bild 12: OEE-Dokument an der Maschine

Die Mitarbeiter erfassen Ausschuss, Produktionsmenge, Overall Equipment Effectiveness (OEE) und die Total Effective Equipment Productivity (TEEP). Seit der Einführung der Dokumente ist die Produktionsbesprechung aus dem Besprechungsraum in die Fertigung verlegt worden. Die Erfassung des OEE zeigt einen negativen Trend. Das Team tauscht sich im Rahmen der täglichen Produktionsbesprechung über die Gründe aus dem Pareto-Diagramm, welches zuvor auf der Grundlage der Trendentwicklung erstellt worden ist, aus. Auf dieser Basis wird ein Problem an der Station drei deutlich, welches bis jetzt nicht gelöst werden konnte. Dieses Problem besteht bereits seit Jahren, doch war dies ohne Aufzeichnung nicht explizit sichtbar.
Der APU-Manager wird nun durch das Team mit diesem Ergebnis konfrontiert und anschließend werden mit ihm die Abstellmaßnahmen besprochen.

5 Pull-Prinzip

WORUM GEHT ES?

Pull steht für die Umsetzung der Kanban-Philosophie in einem gesamtheitlichen Konzept. Entgegen der allgemeinen MRP-II-Philosophie (Manufacturing Resource Planning) wird bei Pull die Fertigung gezogen (pull), nicht geschoben (push). Das heißt, dass es sich um eine bedarfsorientierte Fertigung handelt, die erst produziert, wenn der Konsument, z. B. ein Kunde oder eine vorgelagerte Fertigungseinheit, ein Produkt anfordert. Zur Übertragung der fertigungsauslösenden Information wird Kanban eingesetzt, welches sich innerhalb eines Regelkreises bewegt und den Maximalbestand im Regelkreis bestimmt.

WAS BRINGT ES?

Mit der Konzentration auf Pull, in Verbindung mit der Muda-Philosophie, erreicht das Lean Management eine Doppelnatur. Das Pull-System ist auf der einen Seite ein Produktionssteuerungssystem, auf der anderen Seite ein Fortschrittsmotor. Das Produktionssteuerungssystem ist die operative Umsetzung und – was viel wichtiger und bedeutsamer an Pull ist – der Fortschrittsmotor.

> Pull ist ein Fortschrittsmotor, der das Kaizen zieht!

Mit den Werkzeugen von Pull errichtet Lean Management die Basis für Kaizen, visualisiert die Notwendigkeit von Kaizen, verteilt die Verantwortlichkeiten für Kaizen und erzwingt Kaizen. Nachfolgend werden die Elemente des Pull-Prinzips dargestellt.

5.1 Milk Run

Unter Milk Run versteht Lean Management einen Rundlauf-Lkw, der mehrere Lieferanten täglich auf derselben Route anfährt (Bild 13). Das heißt, dass mehrere Lieferanten in die Tour einbezogen werden und dabei nur der tägliche Verbrauch der Fertigung abgeholt wird. Der Lkw wird im optimalen Zustand seitlich beladen.

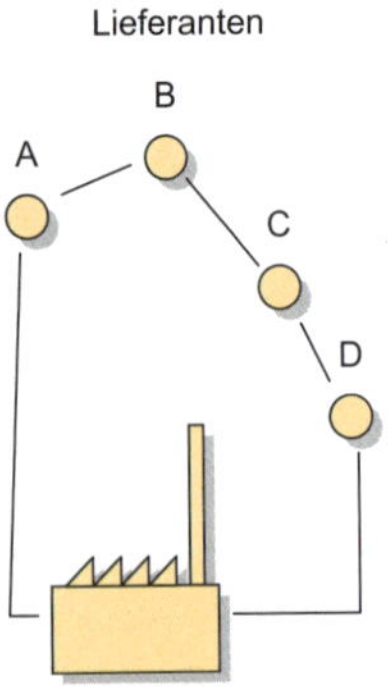

Bild 13: Milk-Run-Lieferantensequenz

Der Milk Run erlaubt eine tägliche Belieferungsmenge der Fertigung, die sich nach dem Tagesbedarf der Fertigung richtet. Hierdurch wird die Lagerung der betreffenden Teile vermieden.

5.2 Supermarkt

Der Supermarkt ist das Rohmateriallager im Lean Management. Dieser besteht aus Durchlaufregalen, die zu einer fest zugewiesenen Teilenummer gehören. Das Lager hat einen

Minimal- und Maximalbestand, der visuell abgebildet ist. Der Supermarkt wird direkt mittels des Milk Run beliefert (Bild 14).

Bild 14: Supermarktregal

Der Supermarkt sichert FIFO (first in, first out) und stellt die Überbrückung zwischen dem Milk Run und der Fertigung dar. Außerdem bildet der Supermarkt den Zustand des Lagerbestands visuell ab und erlaubt Entscheidungen für die Beschaffung.

5.3 Small Train

Unter Small Train verstehen wir ein Hallenbeförderungssystem, das zwischen dem Supermarkt, Zellen-WIP (Work in Process), Shop Stock und TPA (Truck Preparation Area) rund läuft (Bild 15). Es ist sozusagen der Milk Run innerhalb der Fertigung und stellt die Belieferung der unterschiedlichen Pull-Werkzeuge sicher. Gesteuert wird dieser durch eine feste Route und Kanbans.

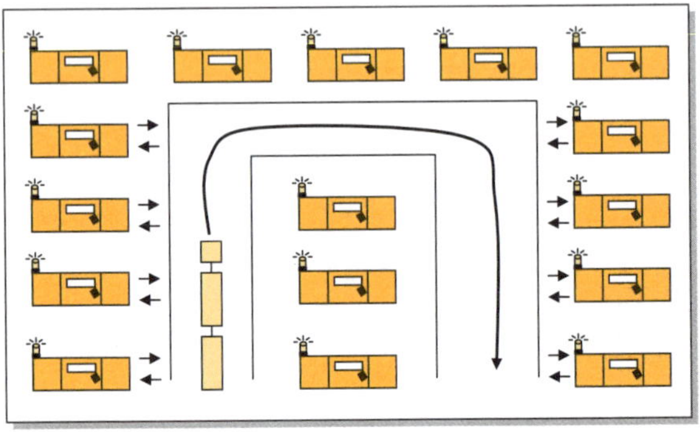

Bild 15: Route Small Train

Mit dem Small Train erreichen wir eine effiziente Belieferung der Zellen und die Vermeidung von überschüssigen Lagerbeständen. Außerdem ist die Belieferung standardisiert und erlaubt die Visualisierung bei Abweichung.

5.4 Zellen-WIP

Bild 16: Material vor der Maschine

Die Fertigungseinheit wird durch die vorgelagerten Roh- bzw. unfertigen Materialien versorgt (Bild 16). Dies ist der Zellen-WIP; dieser ist jeder Zelle zugeordnet und beträgt maximal das Doppelte des Verbrauchsvolumens des Zyklus des Small Train. Der Zellen-WIP befindet sich direkt an der Fertigungszelle.

Der Zellen-WIP versorgt die Fertigungszelle bis zum nächsten Turnus. Der Small Train vermeidet überschüssige Lagerbestände und visualisiert den Materialbelieferungszustand.

5.5 Shop Stock

Der Shop Stock stellt wiederum den Lagerort des Outputs der Zelle dar. Dieser ist direkt an der Zelle lokalisiert, besteht aus Durchlaufregalen und stellt somit das FIFO sicher. Der Shop Stock hat einen eigenen Kanban-Regelkreis, der die Produktion auslöst und die Menge innerhalb des Shop Stock definiert (Bild 17).

Bild 17: Shop Stock am Ende der Fertigungseinheit

Der Shop Stock bildet den Überbrückungszeitrahmen zwischen den einzelnen Fertigungsvarianten. Er visualisiert auch die Prozessqualität und Prozesssicherheit durch seine Größe und seinen Inhalt.

5.6 Kanban

Kanban ist die Realisierung der bedarfsorientierten Fertigung (Pull-Prinzip). Der Regelkreis bestimmt das Volumen zwischen der Quelle und der Senke. Die Kanban-Karte löst die Fertigung aus und begleitet das Produkt bis zum Verbrauch (Bild 18).

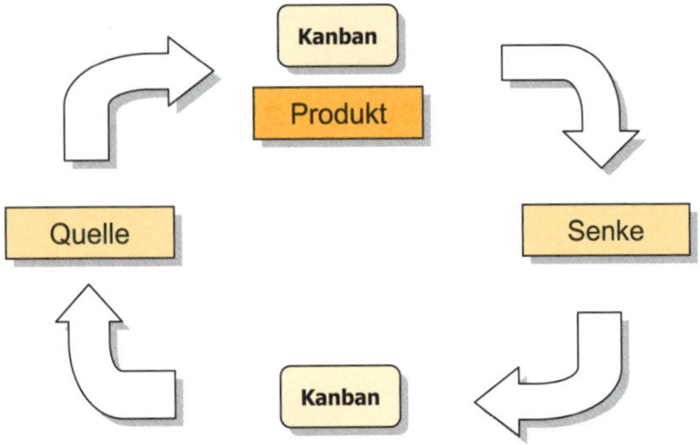

Bild 18: Kanban-Regelkreis

Es gibt mehrere Arten von Kanbans. Hier die drei wichtigsten:

- Produktions-Kanbans lösen den Fertigungsstart aus und bestimmen den Shop Stock.
- Small-Train-Kanbans geben das Signal für den Small Train, die Fertigungszelle zu beliefern.

- Heijunka-Kanbans geben dem Small Train den Takt für die Abholung der Fertigprodukte vor.

Die Kanbans setzen die Pull-Idee operativ um und visualisieren den Bestand. Sie sind Informationsträger sowohl für die Mitarbeiter als auch für das Management.

5.7 Heijunka

Ziel der Pull-Fertigung ist die nivellierte Fertigung. Hierfür wird das Heijunka Board eingesetzt (Bild 19). Es gibt den Takt des Small Train vor, was bedeutet, in welchen zeitlichen Abständen die Fertigprodukte vom Shop Stock abzuholen und an die TPA anzuliefern sind. Dabei wird sichergestellt, dass der Fertigungsprozess nivelliert ist und sowohl die Logistik als auch die Produktion den Fertigungsmengen zugestimmt haben. Die Heijunka-Kanban-Karten liefern das Signal hierzu.

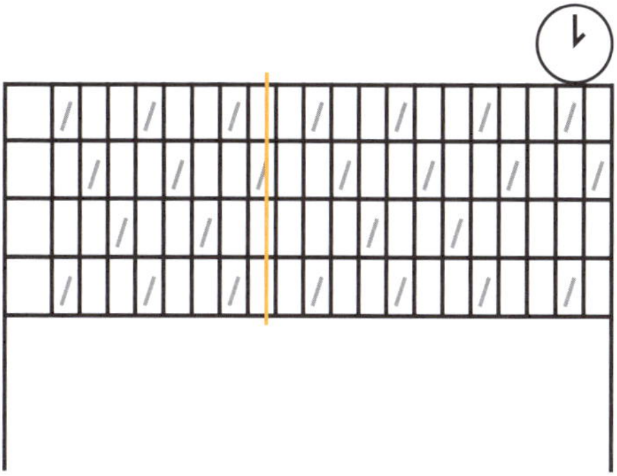

Bild 19: Heijunka Board

Heijunka hat die Aufgabe, eine Einigung zwischen den verschiedenen Abteilungen, z. B. Produktion und Supply Chain, über die Fertigungs- und Auslieferungsmengen an den Kunden zu erzielen. Überdies soll es die Fertigung ausbalancieren und Prozessinstabilität visualisieren.

5.8 Truck Preparation Area (TPA)

Die letzte Station im Pull-System ist das Truck Preparation Area (TPA). Dieses bildet das Auslieferungsdock, in welchem die Paletten für die Auslieferung an den Kunden vorbereitet werden und auf die Auslieferung warten. Dies ist die Doppelnatur der TPA. Die Belieferung der TPA erfolgt direkt aus dem Shop Stock getaktet durch das Heijunka Board (Bild 20).

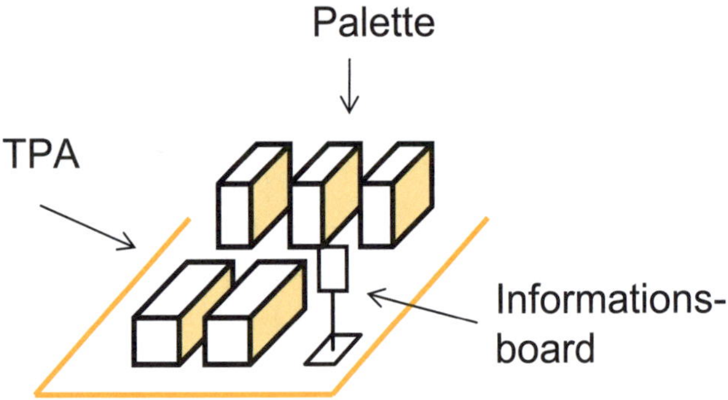

Bild 20: Truck Preparation Area (TPA)

Die Visualisierung der Vorbereitung der Kundenauslieferung erlaubt es, auf Fehllieferungen zu reagieren. Es stellt eine Lean Management Routine zur Verfügung und zwingt das Management nach Kundensichtweise zu denken und zu handeln.

Kanban-Regelkreis

Der Spritzautomat beliefert mit seinen unfertigen Erzeugnissen eine Montagelinie. Die Planung des Spritzautomaten wird von der AV/PPS (AV = Arbeitsvorbereitung, PPS = Produktionsplanung und Steuerung) übernommen. Es kommt immer wieder zu Engpässen bei bestimmten Teilenummern, während andere in großen Mengen zur Verfügung stehen. Immer wieder beschweren sich die Mitarbeiter in der Montage über die unzuverlässige Belieferung aus der Spritzerei. Der Supply Chain Manager wiederum beschwert sich über die hohen Bestände. Die Mitarbeiter in der Spritzerei dagegen äußern, dass die Planung/Montage fehlerhaft bestellt, denn sie arbeiten immer die Fertigungsaufträge ab.

Das Management bespricht die Probleme und entscheidet, eine Kanban-Schleife zwischen der Montagelinie und der Spritzerei zu implementieren. Zu diesem Zweck wird der Regelkreis im Workshop errechnet und der Shop Stock wird aufgebaut. Kanbans werden erstellt und an den Materialboxen angebracht. Es werden dann alle anderen Lagerplätze aufgelöst, sodass die Teile nun vor der Maschine lagern. Zusätzliche Maßnahmen bestehen aus der Bildung der Teamstruktur in der Spritzerei an dieser Maschine und es werden SMED-Workshops durchgeführt. Der Abtransport erfolgt durch den Small Train.

Nach einem halben Jahr trifft sich nun das Team wieder und betrachtet die Ergebnisse:

- Die Lagerbestände konnten reduziert werden.
- Es wird nur noch nach dem Verbrauch produziert.
- Die Fehllieferungen sind nahezu eliminiert.
- Die PPS ist entlastet worden, da die Maschine sich nun über Kanban selbst steuert.
- Die Teambildung ist nun optimiert, insbesondere die zwischen den beiden Abteilungen.

Siehe Bild 17 und Pocket Power „Kanban".

6 TPM

6.1 Grundlagen

Total Productive Maintenance (TPM) ist eine Voraussetzung für die Reduzierung der Rüstzeiten und die Steigerung der Anlageneffektivität. Wie alle vorgestellten Lean-Methoden und -Instrumente fügt sich damit TPM in ein Lean-Gesamtkonzept ein. Deshalb entfaltet TPM seine volle Wirksamkeit erst im Verbund mit weiteren Lean-Methoden und -Instrumenten.

WORUM GEHT ES?

Stillstand von Maschinen und Anlagen bedeutet Verschwendung (Muda) und ist bei konsequenter Umsetzung des Lean-Gedankens zu eliminieren. Stillstände können durch Rüsten, Zyklusverlusten, schlechter Qualität, ungeplanter oder geplanter Stillstände, fehlendem Material oder durch Mikrostopps verursacht werden.

Total Productive Maintenance wird durch drei Ansatzpunkte bestimmt (Brunner 2008):

- totale Anlageneffektivität,
- totale Anlagenerhaltung,
- totale Mitarbeiterbeteiligung.

Die Anlageneffektivität setzt zunächst an deren Sichtbarkeit an (wie anhand der Kennzahl Overall Equipment Effectiveness dargestellt) und gibt damit die entscheidenden Hinweise für Ansatzpunkte zur Verbesserung. Der Begriff „total" erscheint auf den ersten Blick recht „martialisch". Gemeint ist in diesem Zusammenhang die konsequente und rücksichtslose Eliminierung von Verschwendung. Das „Streben nach Perfektion" ist eines der fünf Prinzipien des Lean

Management. Die Anlageneffektivität ist nach diesem Prinzip nicht „ein wenig zu verbessern“, sondern zur „Perfektion zu treiben“.

Die Anlagenerhaltung hat den Aufgabenbereich Wartung und Reparatur zum Gegenstand. Auch hier stehen Vorgehensweisen und Konzepte im Vordergrund, welche darauf ausgerichtet sind, den Ausfall von Anlagen durch defekte Teile und aufgrund unzureichender Wartung möglichst auszuschließen.

Im Rahmen der totalen Mitarbeiterbeteiligung soll erreicht werden, dass die Mitarbeiter, welche im operativen Tagesgeschäft mit den Produktionsmitteln umgehen, der erste und beste Ansatzpunkt zur Verbesserung der Verfügbarkeit von Anlagen sind. Werden die Mitarbeiter, die an der Maschine arbeiten, in den Wartungs- und Reparaturprozess integriert, wird die Distanz zum Produktionsmittel verringert und die Chancen zur Verbesserung der Produktivität steigen.

WAS BRINGT ES?

Bleibt die tatsächliche und in Bezug auf die Wertschöpfung wirksame Effektivität der Anlagen weitestgehend unsichtbar, werden Anlagen unzureichend gewartet (break down maintenance) und Reparaturen zu spät durchgeführt (if it ain’t broke, don’t fix it). Wird das Potenzial der Mitarbeiter zur Unterstützung der Verfügbarkeit von Anlagen nicht genutzt, verschenkt das Unternehmen wertvolle Chancen zur Verbesserung der technischen Produktionsressourcen. Dies kann sich heute kein Unternehmen mehr leisten.

1960 führte Nippondenso die präventive Wartung ein. Die Wartung wurde von einer Serviceabteilung übernommen, während die Mitarbeiter an den Maschinen ausschließlich produktive Tätigkeiten durchführten. Durch die voranschreitende Automatisierung wurde immer mehr Personal in der Wartungsabteilung benötigt. Das Unternehmen änderte die Aufgabenteilung, sodass die Mitarbeiter an der Maschine mit einfachen Wartungsaufgaben betraut waren, während die Servicemitarbeiter komplexere Aufgaben der Wartung und Modifikationen der Anlagen durchführten. Der Erfolg führte zur Geburt der Total Productive Maintenance. Ergebnis war eine deutlich höhere Effektivität der Anlage und eine Reduzierung der Produktlebenszykluskosten für die Produktionsanlagen.

6.2 Einbeziehung der Mitarbeiter

WORUM GEHT ES?

Die Praxis zeigt, dass 50 % der Ausfälle von Maschinen auf unzureichende Wartung (z. B. fehlende Schmierung) zurückzuführen sind. Die in den meisten Unternehmen anzutreffende strikte Trennung zwischen Instandhaltung und Bedienung von Anlagen führt zu fehlendem Interesse und unzureichender Verantwortung des Mitarbeiters an der Funktionstüchtigkeit der Anlage („not my job“). Der Mitarbeiter verlässt sich auf die Serviceabteilung. Die Initiative reduziert sich auf den Hilferuf an diese Abteilung bei Problemen. Ist der Mitarbeiter jedoch mitverantwortlich für die einwandfreie Funktion, so wird dieser sich „mit seiner Maschine“ identifizieren und ein Interesse an deren „Wohlergehen“ haben.

WAS BRINGT ES?

Werden Teilaufgaben der Wartung und Instandhaltung den die Anlage bedienenden Mitarbeitern übertragen, steigt die Motivation, „die eigene“ Anlage in gutem Betriebszustand zu halten. Somit gibt es eine Aufgabenteilung zwischen der

Instandhaltungsabteilung, die nun Kapazitäten frei hat, und dem Mitarbeiter an der Anlage, welcher Routinearbeiten der Wartung und Reparatur übernimmt.

In einem Unternehmen des Maschinenbaus kam es immer wieder zu Ausfällen von Stanzmaschinen, obwohl die Serviceabteilung regelmäßige Wartungen durchführte. Verschleißteile wurden präventiv, also vor deren Ausfall, ausgetauscht. Es stellte sich heraus, dass für die Ausfälle ein bestimmtes Teil verantwortlich war, welches aufgrund eines Konstruktionsfehlers vorzeitig ausfiel. Durch den plötzlichen Ausfall wurden weitere Teile der Maschine beschädigt, sodass auch deren Austausch notwendig wurde. Der Hersteller versprach einen Austausch aller betroffenen Teile, allerdings wurde hierfür eine Frist von mindestens sechs Monaten genannt, da eine komplette Neukonstruktion und entsprechende Tests notwendig waren.

Die Mitarbeiter an den Maschinen gaben auf Befragen an, dass erhöhte Vibrationen vor Ausfall des Teils auftraten. Deshalb wurden die entsprechenden Mitarbeiter in die Serviceprozesse einbezogen, sodass ein präventiver Tausch vor dem Ausfall möglich wurde. Der Erfolg dieser Einbeziehung der Mitarbeiter war so groß, dass eine weitere Ausweitung der Serviceaufgaben durchgeführt wurde.

6.3 Die 5-S-Methode

WORUM GEHT ES?

5 S (auch 5 A genannt) ist ein ganz wesentlicher Fundamentbaustein des Lean Management und folgt dem Grundgedanken der Eliminierung von Verschwendung auf der Ebene des einzelnen Arbeitsplatzes durch Standardisierung der

Abläufe bzw. Verrichtungen. Die Standardisierung schreibt einen einmal erreichten Zustand mit reduziertem Verschwendungsumfang fest und verhindert, dass sich „überkommene“ Verhaltensweisen wieder etablieren. Damit wird das Fundament für den nächsten Schritt zur Eliminierung der immer noch vorhandenen Verschwendung im Rahmen des Kaizen geschaffen. Die Methode 5 S setzt an den Arbeitsplätzen der Mitarbeiter in einem Prozess an. Dies kann z. B. der Kommissionierarbeitsplatz eines Mitarbeiters im Lager sein. Zwar gibt es in Deutschland Vorschriften für die Sicherheit von Arbeitsplätzen, dies allein garantiert aber nicht die Effizienz der durchzuführenden Arbeiten.

Auch ist in Betracht zu ziehen, dass Mitarbeiter zwischen verschiedenen Arbeitsplätzen wechseln und sich dann in einem neuen Umfeld zurechtfinden müssen. Je gleichartiger und übersichtlicher die Arbeitsplätze organisiert sind, desto schneller kann der Mitarbeiter am neuen Arbeitsplatz effizient arbeiten.

Die 5 S bezeichnen folgende japanische Begriffe:

- Seiri (Aussortieren): Notwendiges und Nichtnotwendiges werden getrennt, nicht mehr benötigtes Werkzeug und Material werden entfernt. Hierdurch bleibt der Arbeitsplatz übersichtlich.
- Seiton (Aufräumen): Alles, was für die Arbeit gebraucht wird, ist so aufzubewahren, dass es griffbereit ist. Ablagen und Stellflächen werden mit den dort aufzubewahrenden Gegenständen gekennzeichnet. Dadurch entfällt die Suche nach Material oder Werkzeugen.
- Seiso (Arbeitsplatz sauber halten): Ein Arbeitsplatz, der sauber ist, erleichtert die Erkennung von Fehlern und erhöht die Qualität der Arbeit. Verunreinigungen von Materialien werden vermieden, der Arbeitsplatz ist übersichtlich.

- Seiketsu (Anordnung zur Regel machen): Vorgaben und Anweisungen für die Durchführung von Aufgaben führen zur Beseitigung von Zweifeln über die Abläufe der Tätigkeiten. Arbeitsanweisungen und Ablaufpläne müssen durch Übung zur Routine werden und am Arbeitsplatz sichtbar gemacht werden (Beispiel: McDonald's).
- Shitsuke (alle Vorgaben einhalten und ständig verbessern): Die Mitarbeiter sollen zur Einhaltung von Vorgaben und Arbeitsanweisungen motiviert werden. Darüber hinaus soll ein Kontinuierlicher Verbesserungsprozess initiiert werden. Die Verbesserungsvorschläge der Mitarbeiter sollen honoriert und die verbesserten Leistungen der Mitarbeiter für alle sichtbar gemacht werden.

WAS BRINGT ES?

Durchlaufzeiten an einzelnen Arbeitsplätzen werden aufgrund der verbesserten Übersichtlichkeit und Ordnung verringert (Werkzeuge werden ohne Suchen gefunden, Material ist sofort greifbar, keine nicht benötigten Objekte liegen im Weg und stören den Ablauf). Hieraus resultieren Kostenreduzierungen. Material ist besser verfügbar und die erforderliche Menge wird reduziert. Oft ist Material im Umfeld eines Arbeitsplatzes vorhanden, jedoch so verräumt, dass es nicht gefunden wird. Deshalb wird häufiger Nachschub aus dem Lager geholt, als dies notwendig wäre.

Standards für die Gestaltung von Abläufen und die Durchführung von Aufgaben erleichtern die Übernahme durch neue Mitarbeiter und helfen, Fehler zu vermeiden.

➔ Im Rahmen eines Kaizen-Projekts „Eliminierung von Verschwendung im Büro" in einem großen Versicherungsunternehmen wurden bei der Beobachtung eines Schreibtischarbeitsplatzes folgende Formen von Verschwendung festgestellt:

- Oft vergingen viele Minuten, bis ein gerade benötigter Vorgang in den Ordnern des PC gefunden wurde.
- Der Weg zu den Aktenschränken, in welchen die erledigten Vorgänge abgelegt wurden, war relativ lang.
- Auf dem Schreibtisch lag eine große Anzahl von unbearbeiteten Vorgängen.
- Der Cursor in der Bildschirmmaske des Datenbankprogramms musste häufig über größere Distanzen bewegt werden.
- Bei Rückfragen und der Einholung von Entscheidungen und Unterschriften vom Vorgesetzten entstanden unproduktive Wartezeiten.
- Das DV-System war teils nicht verfügbar oder es wurde Support von der IT-Abteilung benötigt.

Mit 5 S wurde zunächst der Arbeitsplatz neu organisiert. Danach erfolgte eine Standardisierung der Abläufe und Aufgaben. Anschließend wurden die Prozesse verbessert. Durch die Selbststeuerung der Mitarbeiter und die Stärkung der Eigenverantwortung konnte ein maßgeblicher Teil der Verschwendung eliminiert werden.

6.4 Anlageneffektivität und Anlagenerhaltung

WORUM GEHT ES?

Die konsequente Umsetzung des Flussprinzips bedingt eine hohe Verfügbarkeit der Produktionsanlagen. Ein Materialfluss in der Produktion, welcher durch den Ausfall von Maschinen unterbrochen wird, lässt jedes Lean-Konzept schon im Ansatz scheitern. Damit ist TPM ein unverzichtbarer „Mosaikstein" im Lean Management.

Das Flussprinzip ohne Unterbrechungen wird im Konzept des Total Productive Maintenance nicht nur durch die Einbeziehung der Mitarbeiter erreicht, welche die Anlagen und Maschinen bedienen, sondern auch durch eine darauf ausgerichtete Anlagenerhaltung.

WAS BRINGT ES?

Im Konzept des TPM wird die noch in den 50er-Jahren des vorigen Jahrhunderts praktizierte Ausfallbehebung (Breakdown Maintenance) durch eine auf 100-prozentige Verfügbarkeit ausgerichtete Instandhaltung ersetzt. Konsequenterweise setzt das Prinzip der totalen Anlagenerhaltung bereits bei der Beschaffung an.

Eine auf das TPM ausgerichtete Beschaffung wird an folgenden Anforderungen ausgerichtet (vgl. Brunner 2008):

- Erstellung einer technischen Spezifikation vor Beginn der Beschaffungsaktivitäten.
- Einbeziehung der im Betrieb vorliegenden Informationen durch das Bedienpersonal und die Instandhaltungsabteilung über die vorhandene Anlage.
- Nutzung der erkannten Probleme und Defizite vorhandener Anlagen für die Spezifikation der neuen Anlage.
- Einbeziehung innovativer Eigenschaften neuer Anlagen in Bezug auf Effizienz und Sicherheit.
- Berücksichtigung der Wartung bereits in der Spezifikation (Zugänglichkeit, gegebenenfalls Wartungsfreiheit, Dauer der Stillstände für Wartung).
- Integration von Schulungskonzepten in die Beschaffung.
- Abnahme der Anlage ausschließlich bei 100-prozentiger Erfüllung der Spezifikation.

Nach der Beschaffung der Maschine sind weitere Maßnahmen erforderlich, um die Verfügbarkeit der Anlage auf hohem Niveau zu halten. Eine Komponente ist ein definiertes Instandhaltungsprogramm. In diesem stehen die Prozessorientierung und das Flussprinzip im Vordergrund. Veränderungen in den Kenn- und Leistungswerten der Anlage während des Betriebes müssen schnell erkannt werden. Regelmäßige Inspektionen und eine Versetzung in den Soll-Zustand erhalten die Leistungsfähigkeit der Anlage.

Die präventive Instandhaltung ist eine weitere Komponente der totalen Anlagenerhaltung. Bestandteile der Anlagen, welche einem Verschleiß unterliegen, müssen vor Ausfall ersetzt werden, wenn der Fluss nicht ungeplant unterbrochen werden soll. Je nach technischem Konzept der Anlage ist entweder ein Austausch von Verschleißteilen nach entsprechenden Zeitplänen vorgesehen, oder der Abnutzungsgrad wird durch Sensoren erfasst und ein Austausch erfolgt, wenn ein definierter Zustand erreicht ist, der ein Auswechseln verlangt.

Die Verfügbarkeit von Maschinen und Anlagen ist besonders dort von hoher Bedeutung, wo der Ausfall mit inakzeptablen Konsequenzen verbunden ist. Dies gilt vor allem in der Luftfahrt und bei der Energieerzeugung. Aus diesem Grund sind in den genannten Branchen heute technisch sehr weit entwickelte Systeme im Einsatz.
Bei General Electric Power wird den Kunden (Betreiber von Kraftwerken zur Stromerzeugung) ein sogenanntes „Generator Health Monitoring" angeboten. Dies kann mit dem Begriff „präventive Instandhaltung" charakterisiert werden. Wesentliche Daten einer Kraftwerkturbine (z. B. Vibration, Temperatur des Stators, Rotor Flux) werden durch Sensoren erfasst und an ein Remote Monitoring Center von General Electric übermittelt. Unregelmäßig-

keiten werden schnell erkannt, und eine Instandsetzung kann präventiv erfolgen, bevor ein Ausfall der Turbine eintritt.
Rolls-Royce betreibt ein sogenanntes „Engine Health Monitoring" zur Überwachung von Flugzeugtriebwerken. Hierbei werden Triebwerksdaten während und nach dem Flug an ein Operationszentrum übertragen. Aus den Datensätzen werden relevante Indikatoren, Metadaten und erste Diagnosen an die Mitarbeiter weitergeleitet. Die Verfügbarkeit des Datenbestandes der gesamten Flotte ermöglicht im Rahmen eines „Big-Data-Ansatzes" eine qualifizierte Auswertung der Triebwerksdaten und darauf abgestimmte technische Maßnahmen zur Lösung erkannter Probleme.
MTU in Friedrichshafen bietet den Kunden (Kraftwerkbetreiber) sogenannte „Power Generation ValueCare Agreements" mit dem Ziel an, die Verfügbarkeit der Anlagen zu erhöhen. Dabei geht MTU eine operative Verfügbarkeitsverpflichtung gegenüber dem Kunden ein und garantiert eine Notfallhilfe und Vor-Ort-Unterstützung rund um die Uhr. Auch dieses Konzept lässt sich nur durch eine permanente Überwachung des Anlagenzustandes erreichen. Die Edge Software verbunden mit der Systemsteuerung ermöglicht es auch dem Kunden, den Zustand der Anlage zu überwachen.

7 Single Minute Exchange of Die (SMED)

7.1 Grundlagen

WORUM GEHT ES?

Single Minute Exchange of Die (SMED) gilt als Erfolgsstory im Produktionsanlagenmanagement. Die Verkürzung der Umrüstzeiten von Maschinen und damit der Durchlaufzeiten in der Produktion konnte durch diese Methodik in fast unglaublichem Ausmaß erreicht werden. Kein Konzept wurde aber auch so oft missverstanden und viele Produktionsmanager waren nach der Umsetzung der Idee von SMED in ihrem Unternehmen von den Ergebnissen maßlos enttäuscht. Woher kommt dieser Widerspruch?

Zunächst ist festzustellen, dass die Verkürzung der Durchlaufzeiten im Allgemeinen und der Umrüstzeiten von Maschinen im Besonderen in fast allen Unternehmen ein Hauptziel im Produktionsmanagement ist, da Produktionsgeschwindigkeit als Wert bzw. Ziel an sich gesehen wird.

Im Lean Management wird folgende Kausalkette in den Vordergrund gestellt: Das Pull-Prinzip erfordert eine Anpassung der Produktionsgeschwindigkeit bzw. Durchlaufzeit an die Anforderungen des Kunden. Der Kunde fordert auch in fast allen Branchen Produktvarianten, die teils Umrüstvorgänge von Anlagen benötigen. Große Losgrößen und damit Lagerbestände sind nach Lean-Verständnis jedoch Verschwendung (Muda). Also wird die Verkürzung der Umrüstzeit im Lean Management zur Reduzierung der Losgröße und damit der Lagerbestände (von Halbfabrikaten) genutzt.

Nutzt man reduzierte Rüstzeiten jedoch ausschließlich zur Erhöhung der produzierten Output-Stückzahl von Anlagen, steigt zwar die Verfügbarkeit, jedoch auch der Lagerbestand und damit die Verschwendung. Dies zeigt sehr deutlich die Notwendigkeit der Einbettung von SMED in ein Lean-Gesamtkonzept und die Interdependenz der Methoden und Werkzeuge.

WAS BRINGT ES?

Rüstzeitreduzierung ist deshalb nicht ein Ziel an sich, sondern sie muss in ein Gesamtkonzept zur Gestaltung des Produktionsablaufes im Sinne von „Strom des Wertes ohne Unterbrechung" eingebettet werden. Wird die Rüstzeitreduzierung genutzt, um häufiger verschiedene Varianten mit kleinen Losgrößen zu produzieren und damit den Wertstrom zu glätten, reduziert sich die Gesamtdurchlaufzeit, ohne hierfür „Punktbeschleunigungen" (Einsatz schneller Maschinen zur Reduzierung der Gesamtdurchlaufzeit) in Kauf zu nehmen.

7.2 Reduzierung der Rüstzeiten

Die Reduzierung der Rüstzeiten und die Anwendung der SMED-Methodik können in der Praxis in vier Stufen erfolgen. Ausgangspunkt ist dabei eine sequenzielle Abarbeitung der für das Umrüsten erforderlichen Arbeitsgänge (Status quo). In vier Stufen wird davon ausgehend die Umrüstzeit reduziert (Bild 21). Als Umrüstzeit wird der Zeitraum vom zuletzt gefertigten Teil A bis zum Start des ersten Gutteils B gesehen.

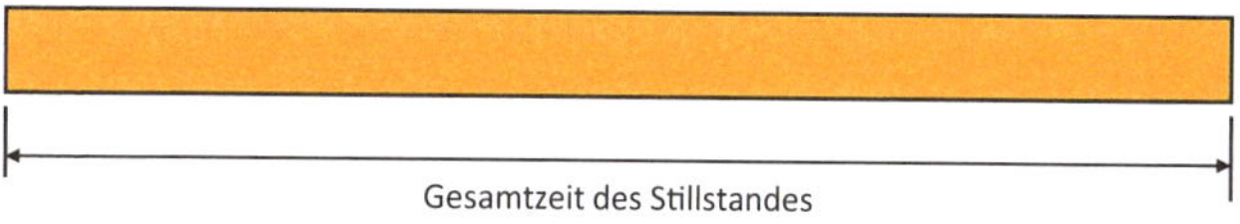

Bild 21: Ausgangssituation

- **Trennung von internem und externem Rüsten:** Der Umrüstvorgang selbst wird in eine interne Komponente (Umrüsten während des Stillstandes der Maschine oder Anlage) und eine externe Komponente (Umrüsten, während die Maschine oder Anlage noch läuft) unterteilt. Das Externalisieren (Bild 22) der Arbeitsmengen reduziert die Maschinenstillstandszeit. Erreicht wird dies durch die Verlagerung der Vor- und Nachbereitungsschritte wie z. B. durch das Vorbereiten der erforderlichen Werkzeuge und Materialien, die Abarbeitung von Checklisten, die Optimierung der Transporte von Werkzeugen, das Aufräumen nach dem Umrüsten sowie die Durchführung von Funktionsprüfungen während der Laufzeit der Anlage.

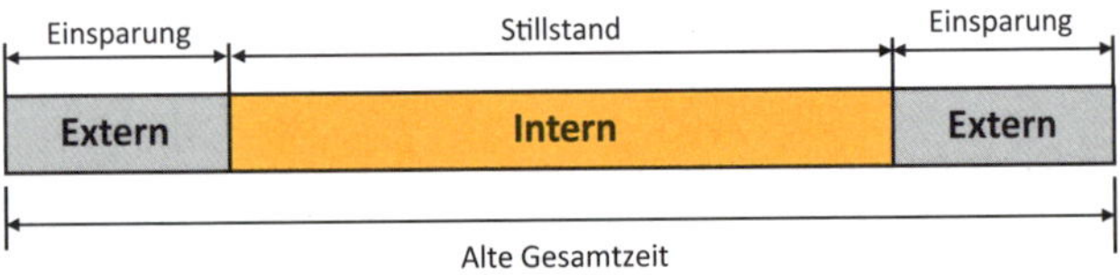

Bild 22: Rüstzeit externalisieren

- Reduzierung des Zeitaufwandes für das interne Umrüsten **durch Parallelisierung von Arbeitsschritten** (Bild 23): Die während des Stillstandes der Anlage erforderlichen Umrüstzeiten können mittels Durchführung von Paralleloperationen weiter verkürzt werden. Die Parallelisierung wird erreicht durch den Einsatz von zwei oder mehreren Mitarbeitern. Das Werkzeug und das Material können so parallel gewechselt werden.

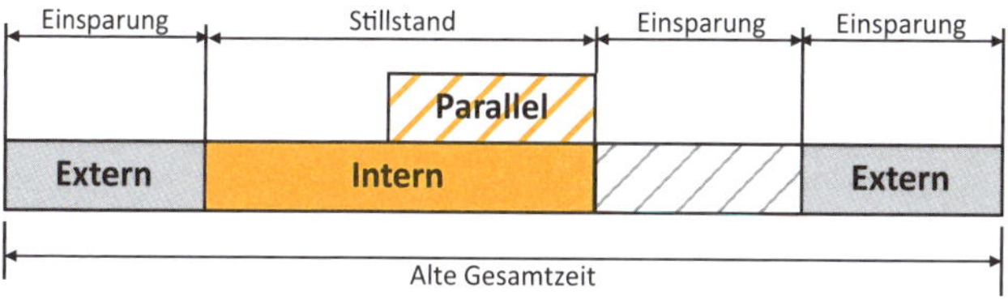

Bild 23: Rüstzeittätigkeiten parallelisieren

- **Umwandlung von internem in externes Umrüsten** (Bild 24): Hierdurch kann die Stillstandszeit der Anlage bzw. Maschine weiter reduziert werden. Maßnahmen zur Erreichung dieses Ziels sind z. B. die Standardisierung von Werkzeugen und erforderlichen Teilen sowie die Nutzung von Zwischenspannvorrichtungen, welche die Vormontage von Elementen der Umrüstmodule ermöglichen.

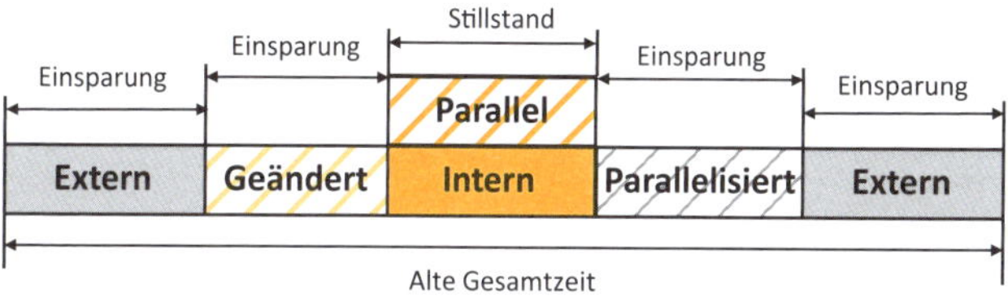

Bild 24: Umwandlung interner Rüsttätigkeit zu externem Rüsten

- **Reduzierung bzw. Eliminierung des Zeitaufwandes für das interne Umrüsten** (Bild 25): Die während des Stillstandes der Anlage erforderlichen Umrüstzeiten können mittels Durchführung von technischen Verbesserungen weiter verkürzt werden. Erreicht werden kann dies durch Schnellspannverschlüsse zur Befestigung von Formen und Modulen sowie durch Vermeidung von Einstellarbeiten durch verändertes technisches Design. Ein Beispiel hierfür ist die Festlegung der Größe der Standardplatten bei verschiedenen Werkzeuggrößen.

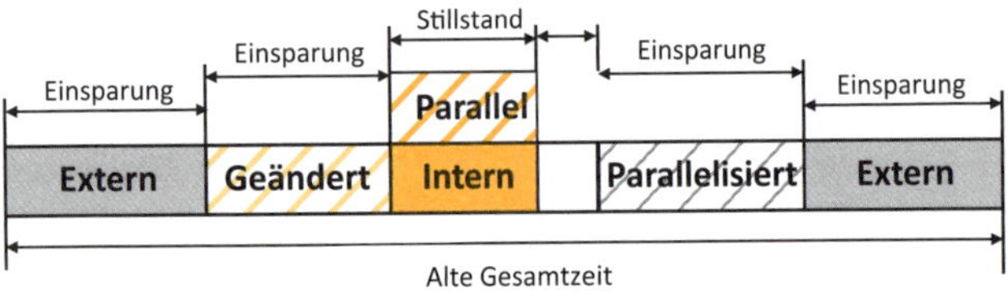

Bild 25: Wegfall von Rüsttätigkeit

In Bild 26 sind die beschriebenen vier Schritte zur Reduzierung der Umrüstzeit übersichtlich dargestellt.

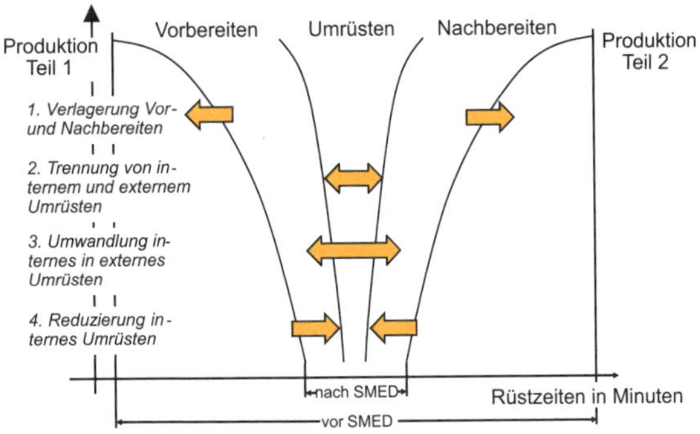

Bild 26: Reduzierung der Umrüstzeit durch SMED

8 Fehlervermeidung

8.1 Poka Yoke

WORUM GEHT ES?

Die von Shigeo Shingo angestrebte Null-Fehler-Produktion basiert auf folgenden Schritten:

- Ursachenanalyse,
- 100 %-Prüfung,
- sofortige Korrekturen.

Poka Yoke ist die Fehlervermeidungstechnik von Lean Management. Das Ziel hierfür ist die Vermeidung von Fehlern, die durch den Menschen verursacht werden können. Grund dafür ist die Annahme, dass jeder Prozess, der von einem Menschen bestimmt wird, ein hohes Potenzial zur Fehlerbildung hat. Bei Poka Yoke werden die möglichen Fehlerquellen identifiziert und systematisch durch Lösungsansätze, die z. B. technischer Natur sein können, neutralisiert. Also:

- Entdecke → stelle sicher, dass der Fehler entdeckt wird.
- Vermeide → mache den Fehler unmöglich.

PRODUKT-POKA-YOKE

Unter Produkt-Poka-Yoke wird hauptsächlich die Fehlervermeidung bei der Anwendung verstanden. Hier wird durch die Konstruktion oder Beschreibung vermieden, dass der Anwender Fehler verursacht (Bild 27).

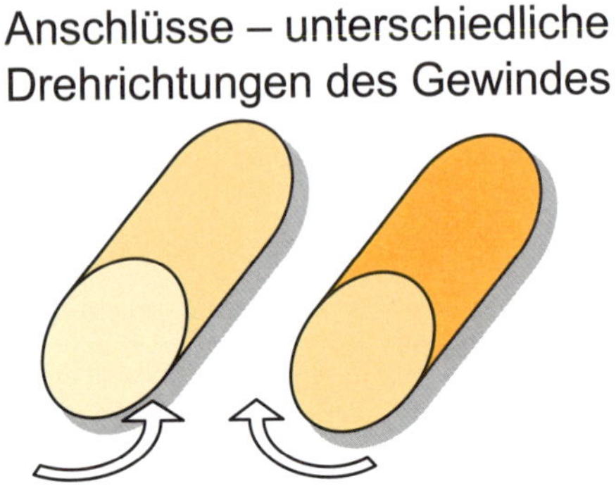

Bild 27: Vermeidung von Verwechslung der Anschlüsse

Bild 28: Irrtumsfreie Montage

Prozess-Poka-Yoke zielt auf die Vermeidung von Fehlern während des Fertigungsprozesses hin und steigert die auszuliefernde Qualität (Bild 28). Somit ist der Prozess Poka Yoke auf Maßnahmen sowohl in der Entwicklung des Produkts als auch in der Fertigung ausgerichtet.

HARTES UND WEICHES POKA YOKE

Bei der Umsetzung von Poka Yoke erfolgt die Unterscheidung zwischen hartem und weichem Poka Yoke.

Hartes Poka Yoke
Fehler werden durch konstruktive Maßnahmen vermieden. Diese erlauben dem Mitarbeiter, nur durch grobe Fahrlässigkeit einen Fehler zu verursachen.

Weiches Poka Yoke
Als weiches Poka Yoke sind Maßnahmen zu verstehen, die den Mitarbeiter auf eine mögliche Fehlerquelle hinweisen und diese z. B. visuell oder durch Computersysteme, wie z. B. Gegenscannen, zu vermeiden versuchen.

Wichtig dabei ist, dass die Korrekturmaßnahmen sofort initialisiert werden. Diese könnten zuerst weicher Poka-Yoke-Natur sein, danach folgen die harten Poka-Yoke-Maßnahmen. Dabei gibt es sowohl primäre als auch sekundäre Fehlerquellen.

Poka Yoke ist ein wesentlicher Faktor für den qualitativen Erfolg der Lean-Unternehmen, indem es sicherstellt, dass ein Fehler unmöglich wird. Poka Yoke ist nicht ausschließlich auf die Fertigung anzuwenden, sondern wird in jedem Prozess eingesetzt.

WAS BRINGT ES?

Poka Yoke ist ein Werkzeug des Lean Management, um die Null-Fehler-Strategie zu erreichen und Kaizen vonseiten der Qualität zu fördern. Dabei ist unter Qualität nicht nur die Qualität am Produkt zu verstehen, sondern auch die Qualität im Prozess. Daraus resultieren höhere Kundenzufriedenheit und Kostenreduzierung sowie Freisetzung von Ressourcen, welche wiederum zur Generierung von Kaizen oder zur Erreichung eines zusätzlichen Umsatzes genutzt werden.

➔ **Poka Yoke Office**
Beispielhaft für den Einsatz von Null-Fehler-Kultur in einem Unternehmen außerhalb der Fertigung ist die Übergabe von Arbeitsabfolgen. Leitet ein Mitarbeiter Dokumente an die nächste Prozesskette, so werden diese ausschließlich akzeptiert, sobald diese fehlerfrei und vollständig sind. Die Dokumente werden so erstellt, dass in Felder nur Zahlen eingegeben werden können, wenn Zahlen abgefragt werden. ■

➔ **Poka Yoke in der Logistik**
Ein weiteres Beispiel für die Anwendung von Poka Yoke kann man heutzutage in der Logistik vorfinden, das sogenannte „Double Scanning“. Um den typischen Fehler der Falschlieferung zu vermeiden, kommen Barcodes/RFIDs und Barcode-/RFID-Scanner zur Anwendung. Der Mitarbeiter muss also bei der Kommissionierung von Versandaufträgen sowohl den Auftrag als auch die zu kommissionierende Ware einscannen. Dabei prüft die Software die Richtigkeit der Artikel, der Menge, des Kundenauftrags und der TPA (siehe Pull-Prinzip). Visual Management und 5S-Methoden ergänzen das Konzept natürlich! ■

8.2 Fehlermöglichkeits- und einflussanalyse (FMEA)

WORUM GEHT ES?

Produkte und Dienstleistungen, die fehlerhaft konstruiert oder entwickelt, mit Fehlern produziert oder erstellt werden und mit Mängeln behaftet zum Kunden gelangen, führen für das verantwortliche Unternehmen zu zusätzlichen Kosten z. B. für:

- Nacharbeit,
- Wertverlust durch Entsorgung/Verschrottung,
- Transportkosten für Rücksendung und Ersatz,
- Umsatzrückgang durch Image- und Vertrauensverlust bei den Kunden,
- Schadensersatz für Folgeschäden.

Diese Kosten sind umso höher, je später im Ablauf der Supply Chain die Fehler entdeckt werden (Bild 29).

Bild 29: Prozessschritte FMEA

Auf Basis des Lean Management bezeichnet man diese Kosten als Verschwendung (Muda). Durch ein beispielsweise fehlerhaft ausgeliefertes Produkt können die gesamte Wertschöpfung verloren gehen und zusätzliche Kosten entstehen.

WAS BRINGT ES?

Wirksames Mittel im Rahmen des Lean Management ist die Fehlermöglichkeits- und -einflussanalyse (Failure Mode and Effects Analysis, FMEA). Die Fehlermöglichkeits- und -einflussanalyse ist eine formalisierte Methode, um mögliche Probleme sowie deren Risiken und Folgen bereits vor ihrer Entstehung systematisch und vollständig zu erfassen. Bild 29 zeigt die einzelnen Schritte der FMEA.

Die frühzeitige Entdeckung von Fehlern zahlt sich aus. Mit jedem Schritt entlang der Wertschöpfungskette wird dem Produkt oder der Dienstleistung kostenverursachender Wert beigefügt. Wird dieser Wert einem bereits fehlerhaften Produkt beigefügt, ist der Aufwand hierfür verschwendet. Der Kunde wird nicht bereit sein, hierfür den Kaufpreis zu entrichten, oder er wird Ansprüche auf Minderung geltend machen.

Im ungünstigsten Fall muss das fehlerhafte Produkt zu hohen Kosten entsorgt bzw. recycelt werden und zusätzlich muss der Kunde kurzfristig mit einem fehlerfreien Produkt beliefert werden. Abgesehen von dem negativen Effekt auf die Reputation des liefernden Unternehmens entstehen zusätzliche Kosten, welche den Unternehmenserfolg mindern.

Im Folgenden werden die Vorgehensschritte im Rahmen einer FMEA an einem Beispiel (Kommissionierung in einem Distributionslager) dargestellt.

Kommissionierung in einem Distributionslager

Erfassung der Datengrundlagen

In diesem ersten Schritt werden alle relevanten Informationen, welche den zur Diskussion stehenden Prozess beschreiben, zusammengestellt:

- Definition des Kommissionierprozesses

- Erfassung der Lieferanten und der Beschaffungsprozesse der Waren zur Kommissionierung
- Empfänger/Kunden der Sendungen

Beschreibung des Ist-Zustandes
Wie wird der Prozess heute durchgeführt? Welche Probleme sind möglich?

- Kommissionierung der Waren zu Sendungen an die Kunden
- Kommissionierfehler (Ware fehlt, Ware nicht bestellt, falsche Anschrift)
- Ursachen (Fehler Auftragseingang, Fehler Kommissionierung, Diebstahl)

Bewertung des Ist-Zustandes
Wie schwerwiegend sind die Fehler? Wie häufig treten diese auf, welche Probleme sind zuerst anzugehen?

- Auftretenswahrscheinlichkeit der Fehler
- Bedeutung der Fehler für den Kunden
- Kosten der Fehler für das Unternehmen
- Wahrscheinlichkeit des Entdeckens vor Auslieferung an den Kunden
- Ermittlung der Prioritätskennzahl

Maßnahmen für den Soll-Zustand
Wie können die Fehler zukünftig vermieden werden? Welche Maßnahmen sollen zuerst umgesetzt werden?

- Entwicklung von Maßnahmen bei hoher Risikoprioritätskennzahl
- Neue Systeme der Kommissionierung, wie Pick-by-Voice, Radiofrequenz-Identifikationssysteme
- Auftragserfassung mit Kontrollschleifen

Bewertung des Soll-Zustandes
Wie hat sich die Fehlerquote nach der Durchführung der Maßnahmen verändert? Haben wir unsere Ziele erreicht? Wo können weitere Verbesserungen erreicht werden?

- Erhebung der Kommissionierfehler und Abgleich mit dem Ziel-/Soll-Wert
- Errechnung einer neuen Risikoprioritätszahl
- Entscheidung für weitere Verbesserungsmaßnahmen

8.3 Total Quality Management (TQM)

WORUM GEHT ES?

Total Quality Management ist eine „... auf der Mitwirkung aller ihrer Mitglieder gestützte Managementmethode einer Organisation, die Qualität in den Mittelpunkt stellt und durch Zufriedenstellung der Kunden auf langfristigen Geschäftserfolg sowie auf Nutzen für die Mitglieder der Organisation und für die Gesellschaft zielt“ (ehemals aus ISO 8402).

Eine der Säulen des Lean Management ist das Pull-Prinzip. Zusammen mit der Visualisierung werden damit zwei bedeutende Elemente des Lean Management im Total Quality Management vereinigt. Visualisierung bedeutet im TQM die Sichtbarmachung der Kundenwünsche in der gesamten Prozesskette der Erstellung eines Produktes oder einer Dienstleistung.

In vielen Unternehmen gehen der Bezug zum Kunden und dessen Wünsche im Verlauf des Leistungserstellungsprozesses verloren. Die Mitarbeiter konzentrieren sich auf die jeweilige Aufgabe und die aus ihrer Sicht erforderlichen Aktivitäten. Der Produktentwickler verwirklicht z. B. seine Vorstellung von der Qualität des Produktes, vergisst dabei aber, dass Qualität ausschließlich vom Kunden definiert wird. Diese ist nämlich ein Teil der Leistungsvereinbarung zwischen dem Kunden und dem Lieferanten bzw. dem Herstellerunternehmen.

Werden dagegen die Kundenanforderungen oder besser die Qualitätsanforderungen des Kunden im gesamten Leistungserstellungsprozess transparent kommuniziert, sind diese für jeden am Prozess Beteiligten sichtbar und die Chancen, Kundenzufriedenheit zu erreichen, verbessern sich deutlich. Die Kundenorientierung ist deshalb eine der tragenden Säulen des TQM.

WAS BRINGT ES?

Das Pull-Prinzip bedingt, dass alle Aktivitäten in einer Versorgungskette den Kunden zum Ausgangspunkt haben. Durch die konsequente Ausrichtung der an der Supply Chain beteiligten Unternehmen an den Kundenbedürfnissen wird Verschwendung vermieden (es wird nur das produziert, was der Kunde wünscht) und die Kundenzufriedenheit wird erreicht (der Kunde erhält die Qualität, die er erwartet). Die wichtigsten Bestandteile des TQM sind:

- Kundenorientierung (Ausrichtung der Qualität an den Kundenanforderungen),
- Prozessorientierung (Gestaltung der Abläufe nach den anerkannten Grundsätzen des Prozessmanagements, vgl. Füermann/Dammasch 2008),
- Einbeziehung der Mitarbeiter (Mitarbeiterorientierung),
- Vermeidung von Verschwendung (Eliminierung von Tätigkeiten, die nicht wertschöpfend sind),
- Nutzung von statistischen Werkzeugen zur Regelung der Prozesse.

➔ Die ORBIS AG ist eine deutsche Unternehmensberatung mit Sitz in Saarbrücken. Das Unternehmen mit rund 700 Mitarbeitern begleitet mittelständische Unternehmen bei der Digitalisierung ihrer Geschäftsprozesse. Ziel ist dabei, den Wandel weg vom Produktgedanken hin zum Kundengedanken konsequent zu unterstützen.

Kundenbefragungen alleine reichen heute für die Umsetzung dieses Ziels bei Weitem nicht aus. Ziel ist es, eine 360-Grad-Sicht auf den Kunden zu erlangen. Die Datengewinnung muss dabei aus allen verfügbaren Quellen erfolgen, wie Tickets (Support-Anfragen), Suchanfragen, Verwendung der Produkte (z. B. wenn eine Produktapplikation genutzt wird), Serviceeinsätze, Kundenfeedback, Chats, Inhalte von Telefongesprächen usw. Je mehr Datenquellen angebunden werden, desto besser ist die Sicht auf den Kunden.

Die Auswertung, aus welcher Verbesserungen abgeleitet werden können, gelingt jedoch nur, wenn leistungsfähige Software eingesetzt wird. Zur Gewinnung von Aussagen aus diversen Quellen können verschiedene Tools herangezogen werden. Dies sind Power BI, Azure Services, sowie weitere Werkzeuge. Zur Einholung von Feedback vom Kunden kann auf Customer Voice zurückgegriffen werden. Eine Auswertung auf Basis intelligenter Algorithmen ist hier im Standard integriert.

Komplexe Software ist hierfür keineswegs erforderlich. Somit kann ein großer Informationsgewinn ohne Programmierung oder mit sehr geringem Programmieraufwand erreicht werden.

Total Quality Management lässt sich durch den Einsatz einer Informationstechnologie, die sich auf dem neuesten Stand der Technik befindet, auf ein höheres Niveau anheben. Damit können Unternehmen die nachfolgenden Nutzen realisieren:

- Entlastung von erfahrenen Mitarbeitern durch besseres Informations- und Wissensmanagement,
- effizientere Prozesse im Unternehmen vor allem durch die zentrale Erfassung aller Daten rund um den Kunden,
- höhere Kundenzufriedenheit,
- verbesserte Wettbewerbsfähigkeit,
- Erkennung neuer Potenziale, beispielsweise neuer Services, die sich Kunden wünschen.

9 Nachhaltiges und kontinuierliches Kaizen

WORUM GEHT ES?

Der Erfolg eines Projekts hängt von seiner Organisation und der Wirkungsweise der Tätigkeiten und Akteure im Projekt ab. Diese sollten im Prozess in richtige Bahnen gelenkt werden. Beim PDCA handelt es sich um einen Problemlösungsprozess, der aus vier Phasen besteht. Hintergrund dieser Einteilung ist die Annahme, dass ein erfolgreicher Verbesserungsprozess immer bestimmte Abfolgen und Schritte erfordert. PDCA basiert auf der Methodik der Hypothese, also einer wissenschaftlich basierten Annahme, die es zu beweisen oder abzulehnen gilt. Dies wird durch statistische Prozessbegleitung erreicht. Ein weiterer Aspekt ist, dass eine Stabilisierung des Prozesses nur erfolgen kann, wenn umfangreiches Wissen über diesen existiert und dieses Wissen zur Anwendung kommt.

WAS BRINGT ES?

Die vier Phasen des PDCA (Bild 30) sind in einem Kreislauf strukturiert und führen zu einem wiederkehrenden Zyklus, der mit der Plan-Phase beginnt und nicht, wie fälschlicherweise angenommen, mit der Act-Phase endet. Stattdessen führt der Zyklus nach Abarbeitung der Act-Phase wieder zur Plan-Phase. Dieser Mechanismus startet also automatisch die nächste Verbesserung. Der PDCA führt methodisch die Mitarbeiter durch die Aktionen/Projekte und zwingt diese dazu, die Phasen akribisch einzuhalten. Daraus ergeben sich Vorteile in der nachhaltigen Umsetzung, die sich aus der Lösung des wahren Problems und nicht der des Symptoms ergeben, welche die Doktrin der PDCA darstellt.

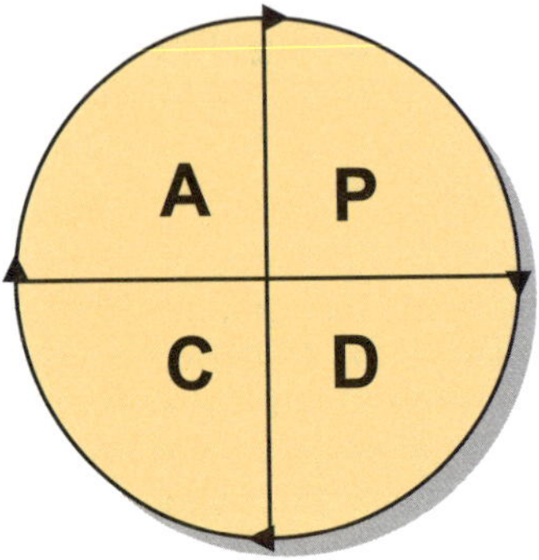

Bild 30: PDCA-Kreis (Plan – Do – Check – Act)

Anzumerken ist, dass der PDCA-Kreis nicht ausschließlich auf Workshop-Ebene, sondern auf allen Ebenen des Unternehmens einzusetzen ist.

9.1 Plan

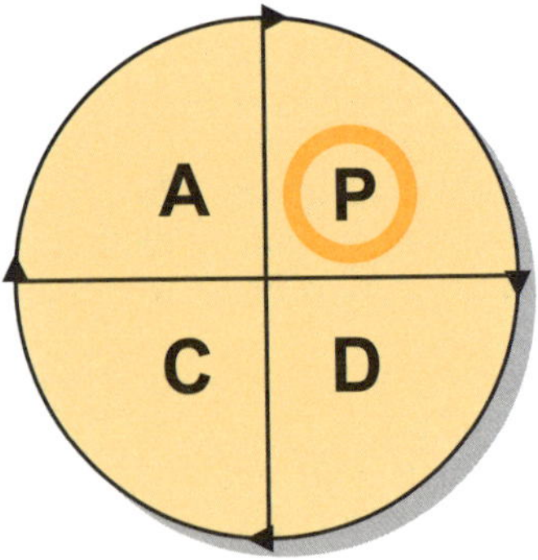

Bild 31: Plan-Phase

Unter der Plan-Phase (Bild 31) wird beim PDCA-Kreis nicht ausschließlich die zeitliche Planung verstanden, sondern vielmehr die Analyse des Problems. Folgende Schritte werden abgearbeitet.

- Definition des Problems und der Ziele.
- Ist- und Zielwert werden miteinander verglichen und die Abweichung wird festgelegt.
- Festlegung der Methode, um das Problem zu analysieren.
- Analyse, um das Problem mit Lean-Werkzeugen genauer zu verstehen.
- Genauere Analyse des Problems und der Daten sowie die Definition der Problemverursacher.

Definition der vermuteten Lösungsansätze mit dem Ziel, nachhaltige, schnelle und billige Lösungen zu finden.

9.2 Do

Die Plan-Phase ist abgeschlossen. Die Do-Phase (Bild 32) gestaltet sich je nach Komplexität des Projekts unterschiedlich. Wobei nun die in der Plan-Phase aufgestellten Lösungsansätze in Hypothesen umzuwandeln sind. Danach erfolgt das Testen der Hypothesen. Zwei mögliche Szenarien sind abzubilden:

- Bei einfachen Projekten wird der Lösungsansatz sofort nach der Beschreibung der Hypothese umgesetzt und getestet. So stellt die Testphase gleich die Umsetzungsphase dar.
- Bei komplexen Projekten erfolgt nach der Aufstellung der Hypothese die Testphase. Hier wird also versucht, die These zu beweisen. Die Umsetzung erfolgt also nach dem Test. Hier spiegelt die Do-Phase die reine Testphase wider.

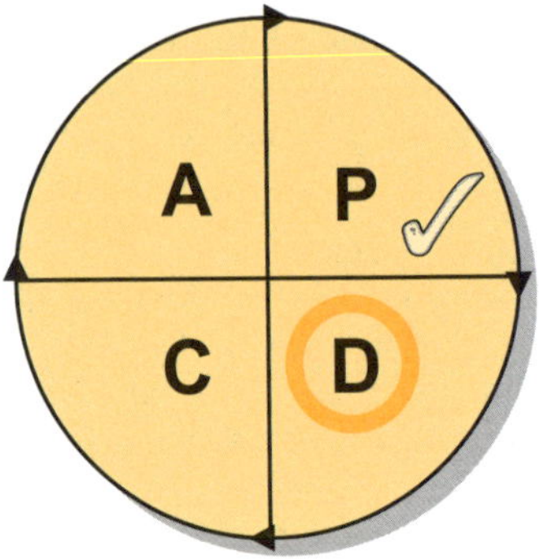

Bild 32: Do-Phase

9.3 Check

In der Check-Phase (Bild 33) werden die Implementierungen oder der Hypothesentest evaluiert. Die in der Plan-Phase erstellten Erwartungen werden den Ergebnissen aus der Do-Phase gegenübergestellt. Hier kommt es zum folgenden Ergebnis:

- Hat die Umsetzung (Hypothese) ihre Erwartung erreicht oder nicht?
- Die Hypothese wird also nun bestätigt oder abgelehnt.

Daraus resultiert Wissenserweiterung, da nun durch die Bestätigung oder Abweisung der Hypothesen die einzelnen Faktoren als wirkungsvoll oder nicht wirkungsvoll eingestuft worden sind.

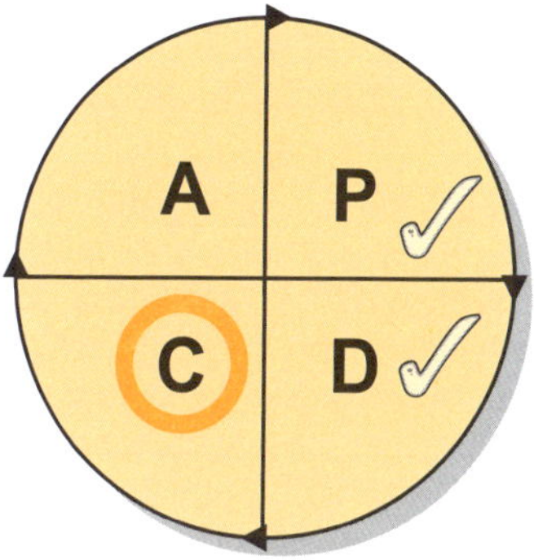

Bild 33: Check-Phase

9.4 Act/Standard

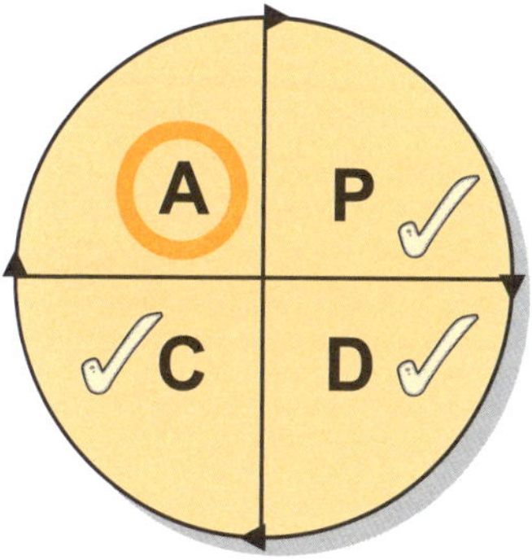

Bild 34: Act-Phase

Die Act-Phase (Bild 34) ist die Reaktion auf die Ergebnisse der Plan- und Check-Phase. Hier werden die Entscheidungen auf der Grundlage der Untersuchungsergebnisse und Zielvorgaben getroffen. Es wird festgestellt, ob die Verbesserung ihr Ziel erreicht hat und abgeschlossen werden kann oder nicht.

- Verbesserung/Projektabschluss führt nun zu der Entscheidung, eine neue Plan-Phase zu starten, also das Angehen eines weiteren Problems. Der Abschluss der Verbesserung ist im Lean Management nicht die erfolgreiche Untersuchung, sondern die Implementierung des gewonnenen Wissens. Also sind hier die neuen Standards mit einem Umsetzungsplan zu benennen und zu implementieren, sprich in einen lebendigen Standard umzusetzen. Die Verbesserung kann man sich bildlich als ein Fass vorstellen, das einen Berg hochgerollt wird, den Standard als einen Keil (Bild 35). Es ist also ersichtlich, wie wichtig eine Implementierung des neu erarbeiteten Standards ist. Sollte das Fass nicht mit dem Keil, also dem Standard, festgehalten werden, rollt es wieder zurück auf den Ausgangspunkt!
- Die Nichterreichung der Ziele führt zur Korrektur, also der Rückkehr zur Ursprungsplan-Phase. Hier werden die gewonnenen Erkenntnisse aufgearbeitet und ein neuer Plan wird erstellt. Die Phase läuft nun entsprechend dem Kreis. Dies erfolgt so lange, bis es zur Zielerfüllung kommt.

Mit dem PDCA werden die Verbesserungs- und Workshop-Teilnehmer zur Systematik im Projekt gezwungen. Darüber hinaus müssen die Ergebnisse auf ihre Wirksamkeit hin überprüft werden. Der Abschluss des Projekts wird erst bei nachhaltigem Erfolg gewährleistet. Außerdem erzwingt der PDCA wiederum die nächste Verbesserung. Es kommt zum dauerhaften Kaizen.

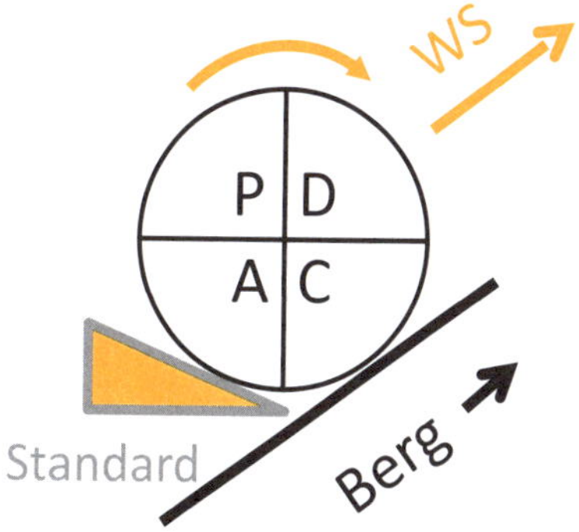

Bild 35: PDCA und Standards

9.5 PDCA und Hoshin Kanri

WORUM GEHT ES?

Besonders zu erwähnen ist, dass der PDCA-Kreis oder eine Verbesserung sich nicht ausschließlich auf den Workshop oder die Verbesserung an der Fertigungseinheit bezieht, sondern die Verbesserung erfolgt über alle Ebenen des Unternehmens und schließt das Management mit ein. Dies wird bei vielen Implementierungen von Lean Management außer Acht gelassen.

Der PDCA-Kreis ist als eine Methode jeder Veränderung im Lean-Unternehmen zu sehen, sowohl auf der horizontalen als auch auf der vertikalen Ebene. Daraus resultiert, dass der PDCA-Kreis auch zur Umsetzung von Hoshin Kanri/ Policy Deployment zum Einsatz kommt. Für jede Ebene wird ein PDCA erstellt, der wiederum mehrere PDCAs hervorbringt.

WAS BRINGT ES?

Ziel ist es, die Unternehmensziele zu kaskadieren und systematisch abzuarbeiten. Der PDCA-Kreis erlaubt uns in diesem Moment selbst auf der Managementebene die richtigen Fragen zu stellen und die richtigen Maßnahmen zu ergreifen. Sollten diese doch nicht so wirkungsvoll sein wie einst geplant, so zwingt der PDCA zu Korrekturmaßnahmen (Bild 36).

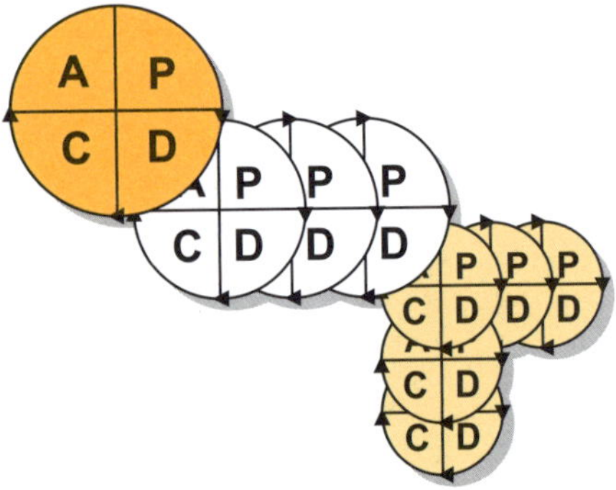

Bild 36: Hoshin Kanri und PDCA

9.6 A3-Report/A3-Papier

WORUM GEHT ES?

Die methodische Vorgehensweise des A3-Reports (auch A3-Papier genannt) ist analog der des PDCA-Kreises, wobei der A3-Report beispielsweise auch in sieben Schritte unterteilt werden kann. Der A3-Report wird für komplexere Probleme und Herausforderung eingesetzt. Dabei wird das Dokument vom Management und von Spezialisten genutzt, um die Verbesserung einzuleiten und auch zu challengen bzw. um den Fortschritt darzustellen.

Der Name „A3“ bezieht sich auf das Format des Reports, da dieser auf eine DIN-A3-Seite beschränkt ist. Der A3-Report verändert sich während eines Projekts oder einer Teamverbesserung. Das heißt, dass durch die systematische Vorgehensweise, welche die Analysephase beinhaltet, das Dokument an Reife gewinnt. Diese Entwicklung des Wissens und der Teams spiegelt sich in verschiedenen Versionen des A3-Reports wider.

WAS BRINGT ES?

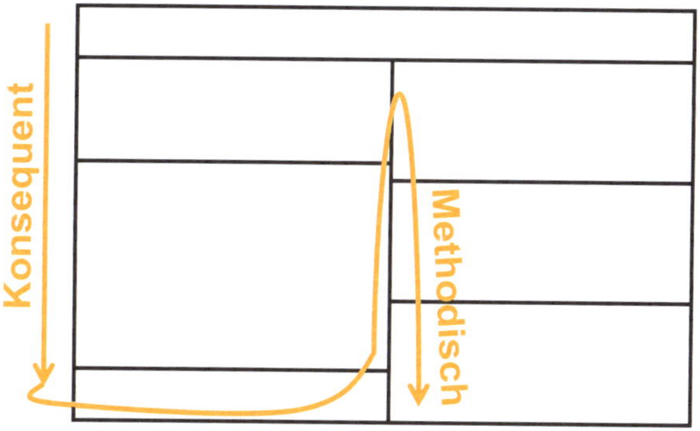

Bild 37: A3-Report

Der A3-Report ist in systematische Fragestellungen unterteilt, sodass es zu einer systematischen und methodischen Abarbeitung der Fragestellung bzw. des Prozesses kommt. Durch die Beschränkung auf das A3-Format wird großer Wert auf Visualität gelegt. Der Ersteller muss in der Lage sein, seinem Gegenüber die gesamte Fragestellung bzw. Problemstellung sowie den Verlauf des Lösungsweges und den aktuellen Projektstand in kürzester Zeit darzustellen. Somit fordert der A3-Report Systematik und Methodik wie der PDCA-Kreis zeitgleich mit dem Zwang der Konzentration auf das Wesentliche und das Visuelle (Bild 37).

9.7 8D-Report

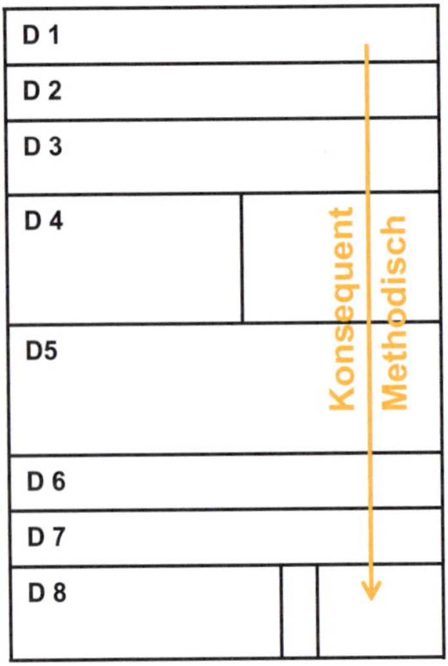

Bild 38: 8D-Report

Der 8D-Report (Bild 38) unterstützt eine systematische Vorgehensweise bei größeren Problemen oder Fällen, in welchen die Ursache nicht sofort erkennbar ist. Im Gegensatz zum PDCA sind die methodischen Schritte im 8D-Report nicht abstrakt oder in mehrere Schritte aufgeteilt. Bezieht man sich z. B. auf das „P" (Plan), so beinhaltet dieses mehrere Schritte in sich: Problembeschreibung, Analyse, Zahlen/

Daten/Fakten, Zielabweichung, Problemlösungshypothesen (Ideen) und Hypothesentestplan. Im 8D-Report ist die methodische Vorgehensweise bereits viel deutlicher aufgeschlüsselt und erlaubt eine einfachere Bearbeitung. Deshalb findet der 8D-Report auch so eine hohe Anwendung bei der Reklamationsbearbeitung.

Das „D" bezieht sich auf Disziplinen bzw. die Stufen, in welchen der Report erstellt wird. Zur Erstellung des Reports werden folgende Stufen durchlaufen: Bildung eines Teams, Beschreibung des Problems/Fehlercharakters, Sofortmaßnahmen (Eindämmung bzw. Quarantäne), Untersuchung der Fehlerursache, Auswahl von Problemlösungen, Implementierung der Problemlösungen, Verhinderung der Wiederholung von Fehlern, Würdigung des Erfolgs des Teams. Der 8D-Report verläuft entlang des PDCA genauso wie der A3-Report. Der wesentliche Unterschied ist, dass beim 8D-Report großer Wert auf Containment (Eindämmung bzw. Quarantäne) gelegt wird, um eine weitere Ausbreitung der Problematik zu vermeiden. Deshalb ist der 8D-Report besonders für Kundenreklamationen (externe und interne) und bei Arbeitsunfällen geeignet. Der 8D-Report ist z. B. eine in der Automobilindustrie häufig eingesetzte Methodik, die durch den Verband der Automobilindustrie (VDA) in Form eines Formulars standardisiert wurde.

9.8 OPL (One Point Lesson)

WORUM GEHT ES?

Die konsequente Umsetzung des PDCA-Kreises und der Lean-Management-Prinzipien führt unweigerlich zu Standards und deren Einhaltung. OPLs gehören von ihrer Methode zu der A3-Familie und dem Visual-Management-

Prinzip (Bild 39). Auf einem maximal DIN-A3-großen Blatt wird dem Mitarbeiter der Prozess mit den dazugehörigen Standards dargestellt.

WAS BRINGT ES?

Die Vorteile liegen auf der Hand. Der Mitarbeiter muss sich nicht für seinen Arbeitsschritt durch ein Buch von Anweisungen durcharbeiten, sondern bekommt visuell direkt im Prozess die wichtigsten Schritte kurz und knapp dargestellt. Das Training und die Einhaltung der Abläufe werden jederzeit unterstützt, und der Mitarbeiter wird nicht alleine gelassen. Des Weiteren können OPLs auch für das Training von Mitarbeitern und die Auditierung von Prozessen eingesetzt werden.

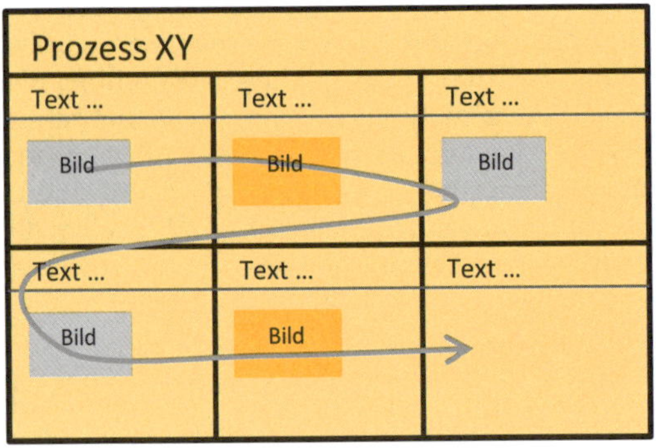

Bild 39: OPL

10 Lean Development

Unter Lean Development (LD) versteht das Lean Management die Entwicklung von neuen Produkten und Prozessen unter den Aspekten von Lean Management, also Fluss, Produktion, Supply Chain usw., sowie den Einbezug der gesammelten Erfahrungen aus Kaizen-Tätigkeiten, wie z. B. Kaizen-Workshops. Neuentwicklungen werden Tests unterzogen, um diese auf ihre Fertigungskomplexität in der Produktion zu untersuchen. Das bedeutet, dass die Produkte sowohl kunden- als auch produktionsspezifisch ausgerichtet sind. Ein weiterer Aspekt von Lean Development ist die Gestaltung der Entwicklungsprozesse nach den Gesichtspunkten von Lean Management, d. h. beispielsweise One-Piece-Flow-Prozesse bzw. Zero-Defect-Prozesse.

10.1 U-Zelle und Chaku-Chaku-Zelle

U-Zelle

WORUM GEHT ES?

Unter dem Begriff der U-Zelle wird die U-förmige Gestaltung einer Fertigungseinheit verstanden. Diese Fertigungseinheit ist auf das One-Piece-Flow-Prinzip, also keine Fertigungspuffer zwischen den Stationen, ausgelegt und kann von einer oder mehreren Personen bedient werden. Somit kann die Fertigung flexibel auf den Kundenbedarf reagieren. Dabei wird auf die Vermeidung von Verschwendung (Muda), insbesondere die Wegevermeidung, großer Wert gelegt.

WAS BRINGT ES?

Der wesentliche Vorteil dieser Fertigungseinheit ist die Möglichkeit der Ausbalancierung der Fertigung nach dem Kundentakt und somit die Vermeidung von Lagerbeständen. Außerdem muss keine feste Anzahl von Mitarbeitern eingesetzt werden, sondern diese kann dem Kundenbedarf angepasst werden. Das Design der Zelle ist darauf ausgelegt, dass zwischen den Stationen keine Materialpuffer existieren. Somit kommt die gesamte Fertigungszelle zum Stillstand, sobald eine Station einen Fehler verursacht. Dies sowie die Fertigung nach Kundentakt zwingen zu einer sofortigen Behebung des Fehlers, da sonst die Belieferung des Kunden gefährdet werden könnte.

Das Unternehmen Schmid fertigt Elektrostecker, die manuell zusammengebaut werden. Jeder einzelne Arbeitsschritt hat hohe Bestände (20 Tage Durchlaufzeit) und ist mit dem nächsten nicht verbunden. Seit geraumer Zeit wird Lean Management eingeführt und das Team hat sich entschieden, die Fertigung auf die U-Zelle (Bild 40) umzubauen.
Die einzelnen Arbeitsstationen werden nach ihrer Abfolge in einem U aufgebaut. Dabei wird ausschließlich die Menge eins (One Piece Flow) berücksichtigt, sodass die einzelnen Stationen verkleinert werden können. Hierdurch ist nun eine Platzersparnis entstanden!
Die einzelnen Schritte der Mitarbeiter werden nun ausbalanciert und dem Volumen nach standardisiert. Es wird eine Teamstruktur eingeführt.
Ergebnis des Projekts ist die Reduzierung der Durchlaufzeit auf einen Tag und die flexible Besetzung der U-Zelle mit einem bis hin zu vier Mitarbeitern. Durch Reduzierung von nicht wertschöpfenden Tätigkeiten konnte gleichzeitig die Wirtschaftlichkeit erhöht werden. Das Team beginnt nun die Planung der weiteren Kaizen-Akti-

onen, da nun Schwächen und Potenziale durch diesen Aufbau und der One-Piece-Flow-Philosophie aufgedeckt worden sind.

Bild 40: U-Zelle

Chaku-Chaku-Zelle

WORUM GEHT ES?

Die Chaku-Chaku-Zelle ist die Weiterentwicklung der U-Zelle. Arbeitsstationen werden manuell beladen und automatisch entladen. Die einzelnen Arbeitsschritte in den Stationen werden nun nicht mehr von Mitarbeitern durchgeführt, sondern sind automatisiert. Der Mitarbeiter übernimmt in diesem Fall ausschließlich die Beladung einer Station nach der anderen.

WAS BRINGT ES?

Ziel ist es hier, den Automatisierungsgrad zu steigern und dabei die Kosten für Personal, Investitionen und Betrieb auf ein Minimum zu senken, wobei der komplizierte, maschinelle Beladevorgang vermieden wird und das einfache Entladen automatisiert wird. Die menschlichen Fähigkeiten werden auf die komplexen Verfahren konzentriert und die beherrschbaren, einfacheren Prozesse werden automatisiert. Hierdurch erzielt das Lean Management eine höhere Verfügbarkeit der Fertigungseinheiten und gleichzeitig eine Reduzierung der Personal-, Investitions- und Betriebskosten.

➔ In der Jahresplanung des Unternehmens wurde festgestellt, dass bei Produkt A eine weitere Rationalisierung erfolgen muss, verursacht durch den hohen Wettbewerb. Die höchsten Kostenanteile tragen die Personalkosten, da an dieser U-Zelle fünf Mitarbeiter tätig sind. Die Geschäftsführung entscheidet, die U-Zelle zu einer Chaku-Chaku-Zelle auszubauen.
Nun werden die vorhandenen Stationen mit einem Zulieferer umgebaut, sodass die Mitarbeiter nun ausschließlich diese beladen müssen. Das heißt, dass manche Stationen nun automatisiert worden sind. Das Entladen erfolgt automatisch.
Heute belädt der Mitarbeiter die Station eins und entnimmt das bereits bearbeitete und ausgeworfene Teil aus der Station eins und geht sofort an die Station zwei. Er wartet nicht während der Bearbeitung. Hier erfolgt das gleiche Prinzip: beladen und danach Mitnahme des bereits fertigen Teils usw. Der Aufbau der Zelle entspricht der U-Zellen-Philosophie und hat sich kaum verändert. Hierdurch kann diese Zelle nun mithilfe einer Anzahl von einem bis zwei Mitarbeitern betrieben werden. Das heißt, dass der Umbau auf der einen Seite die Bedieneranzahl verringert – bei gleichzeitiger Steigerung der Produktivität –, auf der anderen Seite werden die hohen Investitionskosten für eine Vollautomatisierung vermieden. ■

10.2 Cardboard Workshop und Minimum Technical Solution

Cardboard Workshop

WORUM GEHT ES?

Eine Maschine oder Fertigungszelle wird während eines Workshops aus Kartons nachgebaut und simuliert. Hierbei nehmen verschiedene Mitarbeiter aus dem Unternehmen teil und durchforsten das neue Equipment akribisch nach wertsteigernden und nicht wertsteigernden Prozessschritten sowie nach der tatsächlichen Anwendbarkeit des Anlagendesigns im Produktionsalltag.

WAS BRINGT ES?

Die Integration von Fehlern und das erarbeitete Wissen aus den Kaizen-Tätigkeiten und -Workshops fließen in das neue Layout ein. Die eingebrachten Verbesserungen werden mit den Mitarbeitern und Zulieferern in die Simulation integriert, d.h., die Ideen werden direkt am Modell aus Kartonage erprobt.

Minimum Technical Solution

WORUM GEHT ES?

Die technischen Anforderungen werden an den minimalsten technischen Notwendigkeiten ausgerichtet, um die Investitionssummen zu reduzieren. Außerdem wird sichergestellt, dass die Lean-Management-Prinzipien, wie etwa One Piece Flow oder SMED, eingehalten werden. Die Produktionsmitarbeiter bewerten den simulierten Prozess nach ihren Erfahrungen und Problemen und erarbeiten Verbesserungen. Das in der Datenbank gesammelte Know-how wird abgeglichen. Die entstandene Weiterentwicklung wird nun in den Gesamtprozess integriert und auch nach Supply-Chain-Gesichtspunkten sowie der entsprechenden Flächeninanspruchnahme des Gesamtkonzeptes untersucht. Es wird ein Cardboard Workshop gestartet und die Minimum Technical Solutions werden untersucht. Es handelt sich hier um eine Prozesswertstromanalyse, welche sich auf die Produktionsanlagen konzentriert.

WAS BRINGT ES?

Das Lean Management beabsichtigt hier die Investitionssummen zu senken und exzessiven Technologieeinsatz, welcher nicht wertschöpfend ist, zu vermeiden. Darüber hinaus wird forciert, dass das gesamte Konzept nach der Lean-Philosophie überarbeitet und implementiert wird.

Cardboard Engineering bei der Herbert Saier GmbH
Die Herbert Saier GmbH stellt Dosiertechnik sowie Schlauchpumpen mit und ohne Steuerungstechnik her. Die Leiterplatten werden bisher zum Teil mit Automaten und zum Teil von Hand bestückt. Die Pumpen werden an Einzelarbeitsplätzen vollständig von Hand montiert. Das Unternehmen befindet sich in der Lean-Transformation und hat das Cardboard Engineering zur Gestaltung von Montagearbeitsplätzen mit Bereitstellungsebenen für die Pumpenmontage und Handbestückung von Leiterplatten eingesetzt. Ziel der Transformation ist, Verschwendung im Arbeitsprozess zu vermeiden und ergonomische Anforderungen an den Arbeitsplatz zu integrieren.

Im Rahmen eines ersten Experiments wurde Pappe entsprechend der namensgebenden Vorgabe verwendet. Mit der richtigen Baustrategie stellte sich das Baumaterial im Verbund mit geeignetem Klebeband als sehr halt-

bare Konstruktion heraus. Entscheidender Nachteil ist, dass keine individuelle Tischkonstruktion mit unterschiedlichen Plattenhöhen und in den Tisch eingelassenen Vorrichtungen erstellt werden konnte.
In einem weiteren Experiment wurde Holz für die Konstruktion des Arbeitstisches verwendet. Abgesehen von den höheren Baukosten und dem höheren Zeitbedarf für den Aufbau stellte sich die höhere Flexibilität bei der Realisierung und Überprüfung verschiedener Konstruktionsvarianten als entscheidender Vorteil heraus. Nicht zu übersehende Nachteile sind der Aufwand für die Demontage nach Ende des Experiments und die erforderliche gesonderte Entsorgung des Baumaterials.
Für wenige große Veränderungen nach dem Aufbau des Produktionssystems hat sich ein flexibel aufgebautes Rohrverbundsystem als zielführend erwiesen. Das System ermöglicht einen schnellen sowie stabilen Aufbau und ist, was die Kosten betrifft, oberhalb einer Holzkonstruktion einzuordnen. Bei dem Stecksystem lassen sich durch den Austausch von Rohren oder das Hinzufügen von Verbindungsstücken beliebige Anpassungen vornehmen. Die Wiederverwendbarkeit der Einzelteile des Rohrsystems für weitere Experimente ist aus dem Blickwinkel der Ressourcenschonung eine interessante Alternative, wenngleich hier nicht mit „Cardboard“, sondern mit wiederverwendbaren Materialien gearbeitet wird. Der große Vorteil dieses Rohrsystems ist auch, dass sich diese Arbeitssysteme sehr gut für einen dauerhaften Einsatz in der Produktion eignen. Somit entstehen bei einem sehr guten ersten Entwurf kaum Mehrkosten durch Änderungen. ■

11 Six Sigma

Eine weitere Methode, die sich neben Lean Management etabliert hat, ist Six Sigma. Hier ist der Schwerpunkt auf die Qualitätssicherung gelegt worden, welche mithilfe von statistischen Werkzeugen und genauen Datenanalysen des Ist-Prozesses erreicht werden soll. Dabei werden für den Prozess wichtige Daten, wie Prozesskennzahlen, Fehlermöglichkeiten und Parameter, gesammelt und statistisch ausgewertet. Die Teamstruktur in Six Sigma besteht aus Sponsor, Champion, Black Belt und Green Belt.

Im Unterschied zu Lean Management ist Six Sigma ein Projekt, welches den Beginn eines Versuchs zur Verbesserung darstellt.

Der Begriff Sigma (σ) definiert die Maßzahl für die Prozessfähigkeit. Six Sigma bedeutet demnach sechsmal die Standardabweichung, wobei die Sigma-Werte in Beziehung zu der Messgröße ppm „parts per million“ gesetzt werden.

Das Ziel ist, 6 σ zu erreichen, also 3,4 ppm.

Six Sigma setzt auf einen Verbesserungsprozessablauf und die Teambildung, welche in fünf Phasen, den sogenannten DMAIC-Zyklen, ablaufen. Der Zyklus beinhaltet die Phasen Define – Definieren, Measure – Messen, Analyze – Analysieren, Improve – Verbessern sowie Control – Überprüfen:

Define

- Die Define-Phase ist die Erstellungsphase des Projektvertrags. Hier werden die Aufgabenstellung und die Zielvereinbarung für die Teams ausgearbeitet und definiert.

Measure

- Hier werden die Hypothesen definiert. Anschließend werden die dazugehörigen Messverfahren festgelegt. Dann erfolgt die Erhebung der Daten. Hierfür ist die Machbarkeit der Datenerhebung im Vorfeld abzuklären.

Analyze

- Die Analyse ist der nächste Schritt, der nach der Messung erfolgt. Hier werden die Messungen nach Ursachen identifiziert, verifiziert und quantifiziert. Nun wird versucht, aus den Messungen auf die Fehlerursache zu schließen sowie den Nachweis für die Gültigkeit zu erbringen.

Improve

- In der Verbesserungsphase wird versucht, eine Lösung für das Problem zu finden, die kostengünstig und effektiv ist. Hier werden auch die Messgrößen festgelegt, um den finanziellen Effekt aus der Verbesserung zu beziffern. Zusätzlich werden eine Risikoanalyse und ein Umsetzungsplan generiert. Danach erfolgt die Umsetzung.

Control

- Nun wird die Verbesserung anhand ihrer Nachhaltigkeit geprüft. Hier werden die Ist-Messgrößen den Plan-Messgrößen gegenübergestellt, Abweichungen erfasst und dokumentiert. Bei Abschluss erfolgt nun die Integration des veränderten Prozesses in den Prozessstandard. Falls erforderlich werden neue Projekte definiert.

12 Werkzeuge des Lean Management

12.1 Sieben statistische Werkzeuge

Die sieben statistischen Werkzeuge werden in der Fachliteratur auch als „sieben Qualitätswerkzeuge“ („Q7“) bezeichnet (vgl. Kamiske/Brauer 2008b). Die Anwendung dieser Werkzeuge in der Unternehmenspraxis ist ohne umfangreiche Schulung der Mitarbeiter möglich und soll dabei helfen, Probleme im Unternehmen zu identifizieren und zu lösen. Die Werkzeuge sind überwiegend visuell orientiert. Deshalb ist mit der Anwendung der Vorteil verbunden, dass Auffälligkeiten und Probleme sofort „ins Auge springen“.

Fehlersammelliste

Die Fehlersammelliste (Bild 41) dient zur einfachen Erfassung von Fehlern im betrieblichen Ablauf. Hierin können z. B. die Fehler der an einer Maschine ankommenden Halbfabrikate, die weiterverarbeitet werden sollen, oder die Unterbrechung von Montageprozessen durch fehlendes Material erfasst werden.

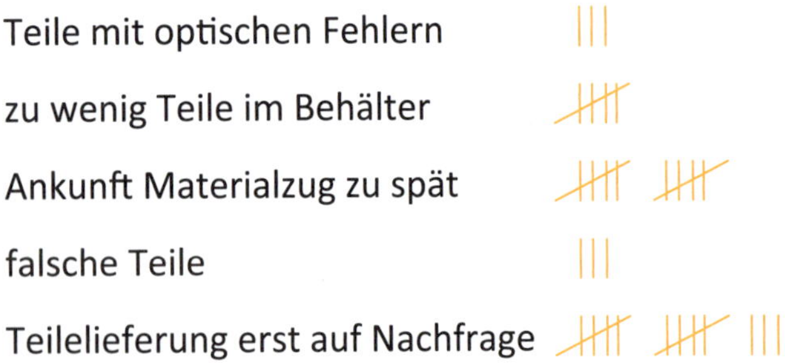

Bild 41: Fehlersammelliste

Erster Schritt vor der Erstellung der Liste ist die Kategorisierung der Fehlerarten. Einerseits soll hier pragmatisch vorgegangen werden, sodass die Menge der Fehlerarten die Erfassung nicht erschwert, andererseits dürfen keine wichtigen Kategorien fehlen. Zu viele Fehlerarten in der Liste erschweren die Erfassung. Bei zu wenigen Fehlerarten kann es vorkommen, dass die Kategorie „sonstige Fehler“ zu viele Nennungen erhält, wobei die Fehlersammelliste dann von geringem Wert ist.

Nach Auswertung der Ergebnisse können die Fehler mit der größten Häufigkeit und den größten zu erwartenden Fehlerkosten herausgefiltert werden und im Rahmen eines Verbesserungsprojekts eliminiert werden.

Histogramm

Das Histogramm – oder auch Säulendiagramm genannt – ist ein Instrument, um die Häufigkeitsverteilung von nach Klassen geordneten Daten aufzuzeigen. Hierzu werden z. B. Messwerte über den Durchmesser eines Drehteils erfasst. Es werden dabei Klassen gebildet, d. h., es werden Intervalle festgelegt, in welchen der Messwert einer Klasse zugeordnet wird. Ergebnis ist eine Verteilung von Messwerten entsprechend Bild 42.

Aus dem Ergebnis kann dann abgeleitet werden, welche Werte innerhalb einer erforderlichen bzw. vorgegebenen Toleranz liegen. Die außerhalb dieser Toleranz liegenden Messwerte sind dann der Ansatzpunkt von Projekten zur Reduzierung dieser unerwünschten Abweichungen vom Zielkorridor.

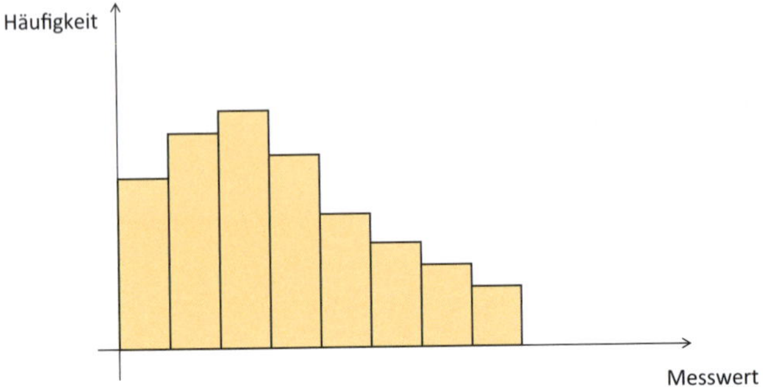

Bild 42: Histogramm

Qualitätsregelkarte

Mithilfe der Regelkarte werden Produktionsprozesse einem Monitoring unterzogen. Ziel ist es hierbei, eine unerwünschte Entwicklung der Messwerte zu erkennen, um rechtzeitig gegensteuern zu können.

Voraussetzung des Einsatzes der Qualitätsregelkarte ist ein beherrschter Prozess. Dies bedeutet, dass Messwerte über das Ergebnis des Prozesses (z. B. ein Drehteil) lediglich einer zufälligen Streuung unterliegen. Dies kann anhand von Bild 43 erläutert werden.

Zunächst werden ein Mittelwert (Soll-Wert) und die Abweichungen vom Mittelwert festgelegt, die im zufälligen Bereich liegen und aufgrund der Vorgaben akzeptiert werden können. Dann sind zwei Grenzbereiche festzulegen, die obere und untere Warngrenze sowie der obere und untere Grenzwert.

Durch die Aufzeichnung der beobachteten Messwerte können Rückschlüsse auf den Verlauf des Prozesses gezogen werden:

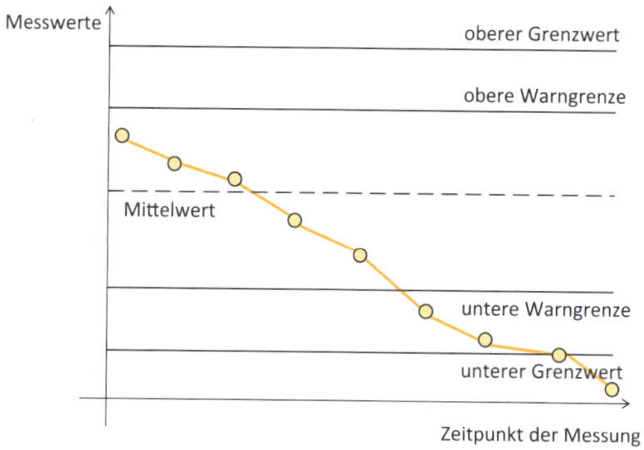

Bild 43: Qualitätsregelkarte

- Verlaufen die Messpunkte sehr nahe am Mittelwert, sind offensichtlich die Grenzwerte zu großzügig festgelegt worden.
- Verlaufen die Messwerte in einer Folge von mehr als sieben ober- oder unterhalb des Mittelwertes, liegt keine zufällige Streuung mehr vor, sondern ein systematischer Einfluss, dessen Ursache analysiert werden muss.
- Wird ein Trend sichtbar (wie in Bild 43), so droht der Prozess außer Kontrolle zu geraten und ein Eingreifen ist spätestens bei Überschreiten der Warngrenze zu veranlassen, um die Produktion von Ausschuss rechtzeitig zu verhindern.

Damit erweist sich die Qualitätsregelkarte als sehr nützliches Instrument, um Fertigungsprozesse zu überwachen und das Auftreten von Abweichungen vom erforderlichen Zustand bzw. die Produktion von Ausschussteilen rechtzeitig zu verhindern.

Pareto-Diagramm

Management erfordert immer die Konzentration auf das Wesentliche. Ressourcen (finanzielle Mittel, Zeit) sind knapp, weshalb erforderlich ist, sich auf die Aktivitäten/Projekte/Aufgaben zu konzentrieren, welche die größte Wirkung im Hinblick auf die festgelegten Unternehmensziele entfalten.

Lean Management nutzt hierzu Werkzeuge, welche schnell und ohne großen Aufwand eine Herausfilterung der wesentlichen Ansatzpunkte für Verbesserungen ermöglichen.

Die Pareto-Analyse ordnet Merkmalsausprägungen eines Objekts oder eines Ablaufes nach Wichtigkeit und ermöglicht damit die Konzentration auf Maßnahmen oder Projekte mit der größtmöglichen Effektivität in Bezug auf festgelegte Ziele (Bild 44).

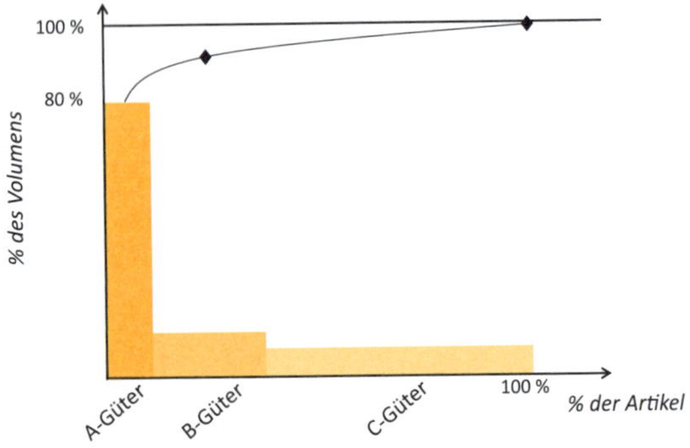

Bild 44: Pareto-Diagramm

Am bekanntesten ist die sogenannte ABC-Analyse, welche z. B. die in einem Lager vorhandenen Artikel nach deren Wert in im Vorhinein festgelegte Klassen einordnet. Typisch ist hierbei, dass 20 % der Artikel 80 % des gesamten Wertes eines Lagers ausmachen.

Die Pareto-Analyse kann aber problemlos auf andere Objekte oder Prozesse angewendet werden, wie z. B. die Klassifizierung der Art des Fehlers des Ergebnisses von Produktions- und Dienstleistungsprozessen nach Fehler- und Fehlerfolgekosten.

Korrelationsdiagramm

In einem Korrelationsdiagramm werden zwei sich verändernde Größen in Beziehung gesetzt. Mit diesem Werkzeug möchte man herausfinden, welcher (lineare) Zusammenhang zwischen zwei statistisch erfassten Größen besteht. Beispielsweise kann die Vermutung überprüft werden, ob die Temperatur eines Produktionsprozesses Einfluss auf die Anzahl defekter Teile hat.

Was die Korrelationsanalyse allerdings nicht leisten kann, ist, die Sinnhaftigkeit des Zusammenhangs der beiden Größen zu überprüfen. Es ist möglich, dass zwar ein Zusammenhang zweier Größen festgestellt wird (z. B. Abhängigkeit der Ausschussquote von der Mondphase), ein kausaler Zusammenhang ist damit aber noch nicht nachgewiesen. Falsche Schlussfolgerungen sind möglich, weshalb bei der Auswertung des Diagramms mit Vorsicht vorzugehen ist.

Wie in Bild 45 dargestellt, werden die Messwerte entsprechend den erhobenen Daten erfasst und in einem Diagramm visualisiert. Mithilfe statistischer Methoden kann die eingezeichnete Gerade ermittelt und anschließend der sogenannte Korrelationskoeffizient berechnet werden, der die Intensität des Zusammenhangs beider Größen ausdrückt.

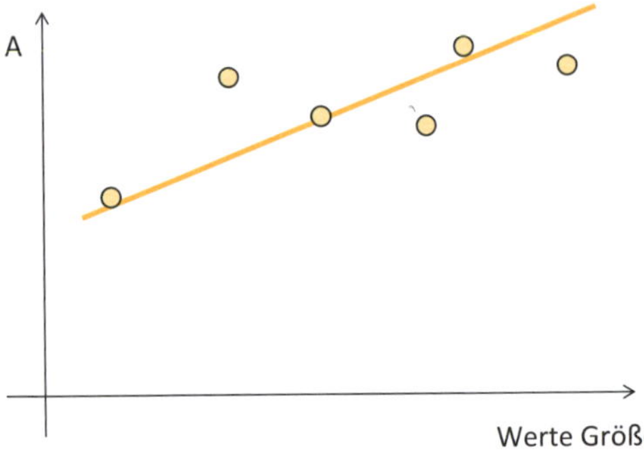

Bild 45: Korrelationsdiagramm

Der Nutzen des Korrelationsdiagramms liegt in dem Potenzial des Werkzeugs, Zusammenhänge aufzudecken, die Richtung und Intensität des Zusammenhangs zu qualifizieren und damit die Grundlage für Maßnahmen zur Verbesserung von betrieblichen Gegebenheiten zu schaffen.

Anwendung des Korrelationsdiagramms in der Produktion

In einem Maschinenbauunternehmen wurde eine neuartige Maschine zur computergesteuerten Herstellung von Frästeilen eingesetzt. Die Maschine funktionierte anfangs recht gut, bis ohne erkennbaren Grund die Quote nicht der Toleranz entsprechender Teile deutlich zunahm. Da die Maschine weitgehend ohne Betreuung durch Mitarbeiter lief (Vollautomat), war diese in einem Raum neben der Fertigungshalle untergebracht.

Ein Mitarbeiter äußerte zunächst die Vermutung, die zunehmende Defektquote hätte mit dem Beginn des Winters zu tun. Der Fertigungsleiter belächelte die Vermutung, ließ jedoch ein Korrelationsdiagramm erstellen, in welchem die Temperatur des Standplatzes der Maschine und die Defektquote erfasst wurden.

Ergebnis war ein klar erkennbarer Zusammenhang. Aufgrund des Dehnungskoeffizienten des in der Maschine verwendeten Materials war die Präzision von der herrschenden Umgebungstemperatur abhängig. Das Problem konnte durch eine Beheizung des Raumes gelöst werden, in welchem die Maschine aufgestellt war.

Brainstorming/Verlaufs-Diagramm

In den in Unternehmen üblichen Diskussionen und Entscheidungsfindungsprozessen begrenzen die eingefahrenen Denkschemata und der vorgegebene Handlungsrahmen oft die Chancen, zu einer ganz neuen und innovativen Lösung oder Entscheidung zu kommen. Das Brainstorming versucht diesem Problem durch die nahezu grenzenlose Kreativitätsentfaltung zu begegnen. Ausgangspunkt des Brainstormings ist ein (oft interdisziplinär) besetztes Team, das in zwei Phasen den gesuchten Lösungsvorschlag erarbeitet.

Am Anfang des Brainstormings steht eine präzise Formulierung der Fragestellung. Nur unter dieser Voraussetzung ist ein Brainstorming erfolgreich. Möglicherweise benötigen die Teammitglieder zu Beginn zusätzliche Informationen über den zur Diskussion stehenden Sachverhalt. Allerdings dürfen in diesen Informationen keine Lösungen indirekt enthalten sein, die zu einer Voreingenommenheit führen oder die Entwicklung von ganz neuen Ideen verhindern.

In der ersten Phase werden ohne Einschränkungen Vorschläge, aber auch Gedanken zum Problem gesammelt, ohne dass Kritik erfolgt. Dieser Aspekt ist besonders wichtig, da jede in dieser Phase geäußerte Kritik die weitere Kreativität der Teammitglieder behindert. Es geht in dieser Phase ausschließlich um die Ideensammlung, in welcher es auf eine Vielzahl von Ideen ankommt.

In der zweiten Phase erst werden die aufgeführten Vorschläge bzw. Ideen zunächst geordnet und anschließend bewertet. Dadurch kristallisieren sich die realisierbaren und zielführenden Vorschläge bzw. Ideen heraus.

In der Praxis hat sich das Engagement eines professionellen Moderators bewährt. Einerseits wird dadurch eine Vorprägung durch die betrieblichen Kenntnisse und Erfahrungen verhindert, andererseits ist eine zielorientierte und projektorientierte Abwicklung des Brainstormings gewährleistet.

Ursache-Wirkungs-Diagramm

Das Ursache-Wirkungs-Diagramm (auch Ishikawa-Diagramm und Cause and Effect Diagram genannt) dient zur systematischen Untersuchung von Problemen und deren Ursachen (Bild 46). Ausgangspunkt ist ein Problem (im Beispiel nicht termingerechte Übergabe einer Sendung an den Warenausgang), dessen Ursachen es zu ergründen gilt. Hierbei wird sowohl systematisch als auch visuell vorgegangen.

Die Systematik wird durch die Festlegung von Ursachenkategorien erreicht. In der Praxis sind verschiedene Hauptursachen als Standard in den Diagrammen vorgesehen. Üblich sind:

- Mensch,
- Maschine,
- Material,
- Methode.

In manchen Fachbüchern werden zusätzlich folgende Ursachen hinzugenommen:

- Messung,
- Umfeld/Umwelt.

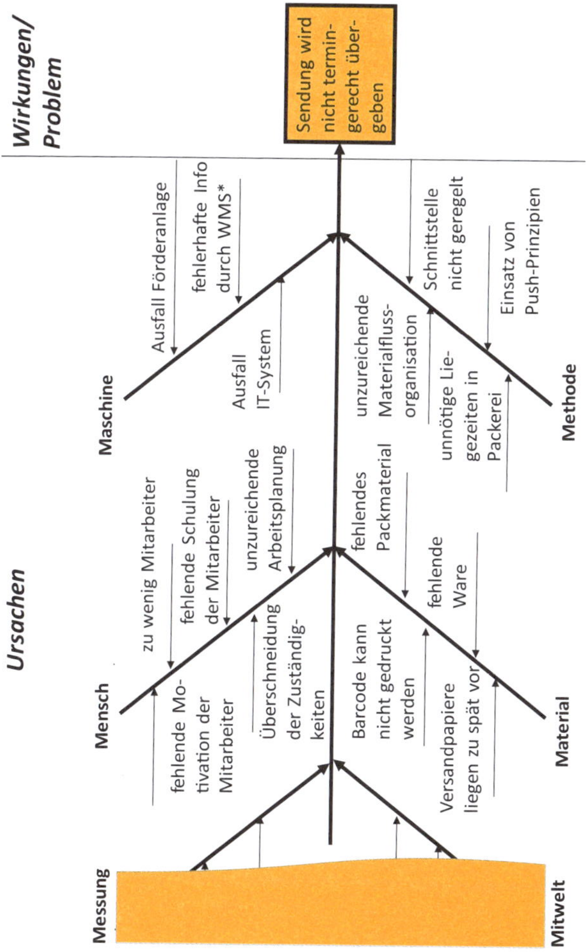

Bild 46: Ursache-Wirkungs-Diagramm (* WMS = Warenmanagementsystem)

Die Auswahl der angeführten Ursachenkategorien hängt von dem zur Lösung anstehenden Problem ab. Anschließend werden die in der Kategorie der Hauptursachen identifizierten Nebenursachen aufgeführt.

Die Visualisierung der Haupt- und Nebenursachen von betrieblichen Problemen unterstützt das Erkennen der wesentlichen Problemursachen. Somit wird die Erarbeitung von Problemlösungen wesentlich erleichtert.

Bei der Erstellung des Ursache-Wirkungs-Diagramms wird in folgenden Schritten vorgegangen:

- Erarbeitung der Haupt- und Nebenursache.
- Überprüfung der Vollständigkeit der Ursachen (hierbei ist die Visualisierung in Form des Diagramms eine Hilfe, da die Hauptkategorien die wesentlichen Anhaltspunkte liefern).
- Herausfilterung der bedeutendsten Ursachen (Bewertung der Ursachen nach Bedeutung, Umfang des Einflusses und Wahrscheinlichkeit des Eintretens).
- Plausibilitätsprüfung des Ergebnisses von Schritt vier (Einsatz von statistischen Verfahren).
- Erarbeitung von Maßnahmen zur Beseitigung des Problems.
- Umsetzung der Maßnahmen.

Die Visualisierung der Problemursachen schärft den Blick der verantwortlichen Manager und das Bewusstsein der Mitarbeiter für das anstehende Problem. Darüber hinaus tritt deutlich zutage, in welchem Ausmaß betriebliche Prozesse in der täglichen Praxis wirklich entsprechend den Unternehmenszielen gesteuert werden. Die Ergebnisse der Gewichtung der Ursachen geben eindeutige Hinweise, an welcher Stelle des Prozessablaufs Verbesserungsmaßnahmen die größte Wirkung haben.

12.2 M7 – Sieben Managementwerkzeuge

Die sieben Managementwerkzeuge werden in der Fachliteratur auch als „New Seven Tools for Quality Management“ bezeichnet. Eine ausführliche Darstellung der Werkzeuge ist bei Kamiske und Brauer (2008b) zu finden.

Die Managementwerkzeuge lassen sich nach den Ablaufphasen von Projekten gliedern. In der Phase der Analyse und Spezifikation von Problemen werden das Affinitätsdiagramm (Strukturierung verbaler/qualitativer Aussagen in übersichtlichen Gruppen) und das Relationendiagramm (strukturierte Darstellung der Hauptursachen eines Problems und deren Wechselwirkungen) verwendet.

In der Phase der Maßnahmenentwicklung zur Lösung des Problems kommen das Baumdiagramm (Herausarbeitung der Mittel und Maßnahmen zur Lösung des Problems), das Matrixdiagramm (Analyse der Beziehungen und Wechselwirkungen von Ursachen bzw. Maßnahmen) sowie die Matrixdatenanalyse (visuelle Darstellung von drei quantitativen Informationen in einem Portfoliodiagramm) zum Einsatz.

In der Vorbereitungsphase zur Realisierung der Maßnahmen (Mittelbereitstellung, Vorbereitung der Prozesse) werden der Problementscheidungsplan (Vorbereitung von Maßnahmen bei unvorhergesehenen Schwierigkeiten bei der Umsetzung) und der Netzplan (Darstellung der zeitlichen Verknüpfung der Maßnahmen) eingesetzt.

Allen dargestellten Werkzeugen ist gemeinsam, dass:

- eine leicht verständliche und nachvollziehbare Visualisierung des zur Diskussion stehenden Sachverhalts erfolgt,
- die allen Problemen anhaftende Komplexität auf ein überschaubares und handhabbares Maß reduziert wird

- und das erforderliche Wissen zur Anwendung der Werkzeuge relativ schnell erworben werden kann.

Lean bedeutet hier einen pragmatischen Weg zur Lösung von Problemen zu gehen, ohne den Prozess mit aufwendigen und nur von geschulten Spezialisten anwendbaren Werkzeugen zu überfrachten. Der Weg ist hier nicht das Ziel, sondern die Lösung von anstehenden Problemen im Unternehmen.

12.3 6-W-Hinterfragetechnik

Das äußerst gründliche Hinterfragen von Problemen bzw. deren Ursachen ist ein Kernbestandteil des Managements in japanischen Unternehmen. Was auf den ersten Blick befremdlich erscheint, ist eine wirksame Methode, um den wahren Ursachen von Problemen auf den Grund zu gehen.

In Unternehmen wird ein Problem oft zwar erkannt (z. B. eine Maschine verliert Öl), es wird aber „am Symptom kuriert“ (der Werkstattmeister lässt den Ölfleck beseitigen). Die Ursache des Problems wird aber weiter bestehen (die Maschine wird wieder Öl verlieren).

Japanische Manager hinterfragen die Ursache geradezu penetrant.

Die eigentliche Ursache des Ölverlustes der Maschine lässt sich ergründen, wenn man konsequent die Ursachen sechs Mal hinterfragt. Man bewegt sich in den meisten Fällen stromaufwärts in der Prozesskette. In dem Beispiel liegt die Ursache im Einkauf minderwertigen Materials, weil das Unternehmen für die flexible Vergütung seiner Führungskräfte ausschließlich direkte, quantitative und eindimensionale Kennzahlen verwendet.

Dieses plastische Beispiel (vgl. Liker 2004, S. 253) zeigt, wie die „wahre“ Ursache nur ermittelt werden kann, wenn gründlich hinterfragt wird. Aber nur so kann das Problem gelöst werden. Im Beispiel müsste das Vergütungsmodell für die Führungskräfte des Unternehmens neu konzipiert werden, sodass nicht nur die Entscheidung in einer Abteilung (Einkaufsentscheidung in der Beschaffung), sondern auch Auswirkungen in anderen Abteilungen (hier zusätzliche Kosten in der Produktion) berücksichtigt werden. Bei der 6-W-Hinterfragetechnik steht die Vermeidung von Verschwendung (Muda), Überlastung (Mura) und Unausgeglichenheit (Muri) im Vordergrund. Über das angeführte Beispiel hinaus werden die sechs W-Fragen was, wer, wo, wann, warum und wie gestellt. Hierdurch wird tiefgründig hinterfragt und die Ursachen der zur Diskussion stehenden Probleme werden identifiziert (ausführliche Beschreibung in Brunner 2008, S. 22 f.).

13 Personal Commitment – Abschluss

Der Erfolg eines Unternehmens wird maßgeblich an seinen Fähigkeiten gemessen, die strategischen Ziele operativ umzusetzen. Lean Management ist die aggressive Umsetzung der wirtschaftlichen Erfordernisse, welche ohne Einschränkungen eine methodische Arbeitsweise sowohl von den Mitarbeitern als auch vom Management fordert.

> Es gibt keine Perfektion, aber man kann danach streben!

Lean Management wendet jede Art von Energie auf, um auf Personen bezogene Theorien auf ihre operative Umsetzungsfähigkeit zu testen und jeden Tag aufs Neue zu hinterfragen, um somit Raum für die nächste Verbesserung zu schaffen. Es versetzt das Management und die unterstützenden Abteilungen (z. B. Ingenieure) wieder in ihre eigentliche Aufgabenstellung, nämlich ein Teil des Teams zu sein. Wer glaubt, dass im Unternehmen bereits verschwendungsfreie Fertigung umgesetzt wird, der irrt.

> Es gibt keine verschwendungsfreie Fertigung! Verschwendungen werden höchstens Schritt für Schritt reduziert!

Politische Maßnahmen werden reduziert oder ausgeschlossen und an deren Stelle treten die Aufgabenstellung und das Wohl des gesamten Unternehmens und der Belegschaft. Die extreme und klare Verantwortlichkeitsteilung von Lean Management ist gezielt und zeigt die Problematik der zuständigen Bereiche auf, handelt aber nicht funktionsorientiert, sondern prozessorientiert. Das heißt, dass der Einsatz auch über das Abteilungsdenken hinaus gefordert wird.

> Lean Management bezieht sich auf alle und macht keinen hierarchischen Unterschied!

Lean Management befähigt und ermächtigt jeden damit, seinen Beitrag zur Unternehmenswertsteigerung zu leisten! Es sichert durch seine Philosophie, Organisation und Werkzeuge, dass Ideen und Probleme offensichtlich und erkennbar werden und wir auf dem schwierigen Weg zum Erfolg nicht scheitern oder aufgeben.

Überspitzt dargestellt und dennoch gerechtfertigt zwingt Lean Management viele Manager und Spezialisten dazu, sich wieder aus den abgeschotteten Büros und dem großen strategischen Denken zu verabschieden, die eigenen Egos auf die Ebene des Teams zu bewegen, diesem wieder zuzuhören und Entscheidungen unabhängig von persönlichen Präferenzen und richtungsweisend für das Unternehmen im harten Tagesgeschäft zu treffen. Die Mitarbeiter fordert es wiederum auf, am Veränderungsprozess aktiv mitzuwirken und diesen nicht zu behindern. Lean Management unterstützt uns im Nebel des Alltagsgeschäfts und der menschlichen Herausforderungen, die objektive Denkweise beizubehalten und durchzusetzen, zum Wohle des Kunden und des gesamten Unternehmens – ohne dabei die Menschen, die all das im Unternehmen schaffen, zu vergessen.

14 Literatur

Ballé, M. und *Ballé, F.* (2009): The Lean Manager. Lean Enterprise Institute

Brunner, F. J. (2014): Japanische Erfolgskonzepte. Carl Hanser Verlag

Dennis, P. (2006): Getting the Right Things Done. Lean Enterprise Institute

Drew, J., McCallum, B. und *Roggenhofer, S.* (2005): Unternehmen Lean. Campus Verlag

Füermann, T. und *Dammasch, C.* (2008): Prozessmanagement. Carl Hanser Verlag

Geiger, G., Hering, E. und *Kummer, R.* (2020): Kanban. Carl Hanser Verlag

Hummel, T. und *Malorny, C.* (2011): Total Quality Management. Carl Hanser Verlag

Kamiske, G. F. und *Brauer, J.-P.* (2020): ABC des Qualitätsmanagements. Carl Hanser Verlag

Kostka, C. und *Kostka, S.* (2017): Der Kontinuierliche Verbesserungsprozess. Carl Hanser Verlag

Liker, J. K. (2004): The Toyota Way. McGraw-Hill

Matyas, K. (2018): Taschenbuch der Instandhaltungslogistik. Carl Hanser Verlag

Ohno, T. (1993): Das Toyota Produktionssystem. Campus Verlag

Pautsch, P. (2010): „Erschließung von Rationalisierungspotenzialen im Lager durch Lean Management“. In: Productivity Management 3/2010, S. 43 – 46

Rother, M. (2010): Toyota Kata. McGraw-Hill

Shingo, S. (1986): Zero Quality Control. Productivity Press

Womack, J. P. und *Jones, D. T.* (2003): Lean Thinking. Free Press